MADE OF BETON

METTLER/STUDER

BIRKHÄUSER, BASEL

05 HAUS SANDMEIER, VEYRIER LACROIX CHESSEX ARCHITECTS

06 WOHNHAUS NEUFRANKENGASSE, ZÜRICH EM2N

07 WOHNHAUS SCHWARZPARK, BASEL MILLER & MARANTA

08 MEHRFAMILIENHAUS FORSTERSTRASSE, ZÜRICH CHRISTIAN KEREZ

09 WOHNHOCHHAUS ZÖLLY, ZÜRICH
MEILI & PETER ARCHITEKTEN

10 HAUS MIT ZWEI STÜTZEN, WILEN
ATELIER SCHEIDEGGER KELLER

11 ERWEITERUNG LANDESMUSEUM, ZÜRICH
CHRIST & GANTENBEIN

12 FIRMENNEUBAU SYNTHES, ZUCHWIL
STUDIO MÄRKLI

13 ETH ZÜRICH GEBÄUDE LEE, ZÜRICH FAWAD KAZI ARCHITEKT

14 CREDIT SUISSE BEL-AIR HAUPTSITZ, GENEVE BUCHNER BRÜNDLER ARCHITEKTEN

15 HOHES HAUS WEST, ZÜRICH LOELIGER STRUB ARCHITEKTUR

16 WERKHOF FEUERWEHR UND TIEFBAUAMT, HERISAU BEAT CONSONI

21 PROJEKTE 1:1000

22 APPENDIX
PLANLEGENDEN
PROJEKTBETEILIGTE

00 SYSTEME

	A	B	C
Tragwerkprinzip der Gebäudehülle	1 Tragwerk innen bis außen		1 Tragwerk außenliegend

Projekte

01 REFUGI LIEPTGAS

02 SCHWEIZERISCHES NATIONALPARKZENTRUM

03 HAUS GARTMANN

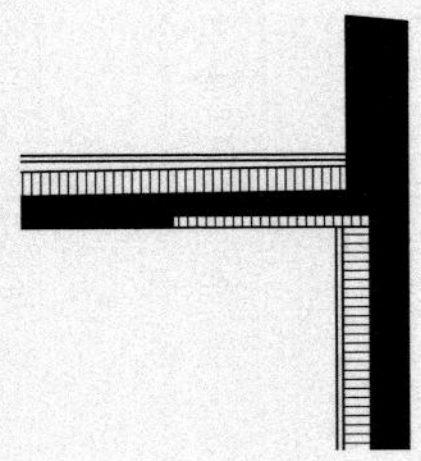

04 BRUGGERBERG

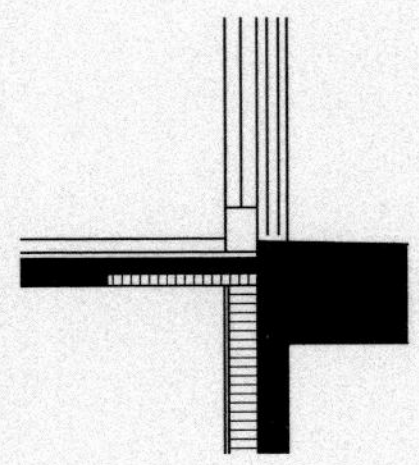

05 HAUS SANDMEIER

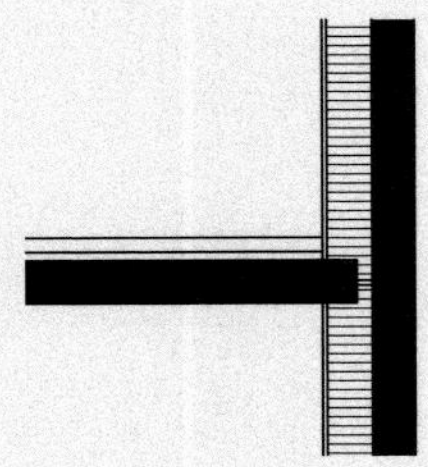

06 WOHNHAUS NEUFRANKENGASSE

07 WOHNHAUS SCHWARZPARK

Bauprozess

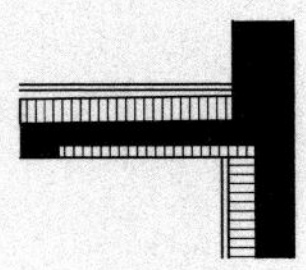

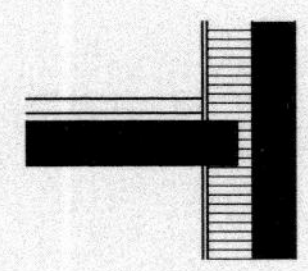

Schichtaufbau der Gebäudehülle	1 Schicht Dämmbeton	2 Schichten lokale Dämmstreifen	2 Schichten Innendämmung

D

1 Tragwerk
innenliegend

E

F

2 Tragwerke
innen und außen

G

1 Tragwerk
innenliegend

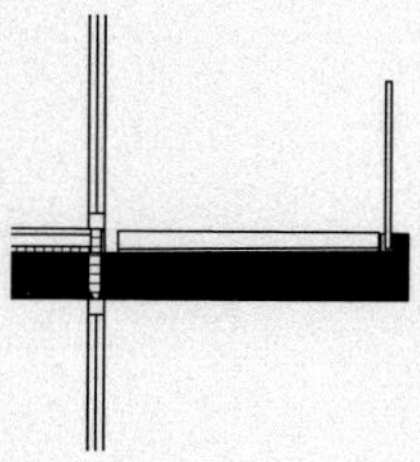

08 MEHRFAMILIENHAUS
FORSTERSTRASSE

11 ERWEITERUNG
LANDESMUSEUM ZÜRICH

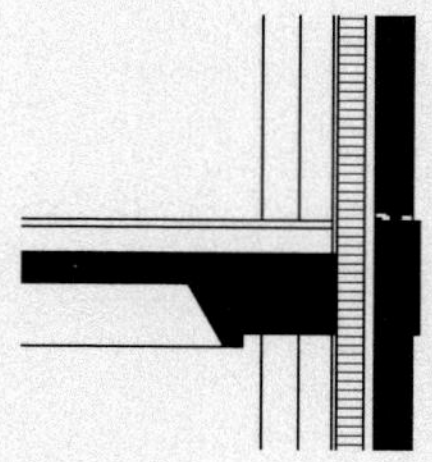

12 FIRMENNEUBAU
SYNTHES

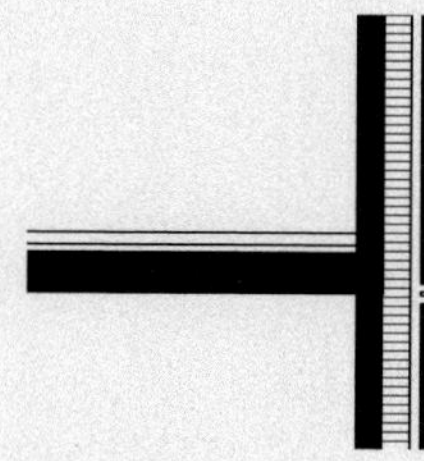

15 HOHES HAUS WEST

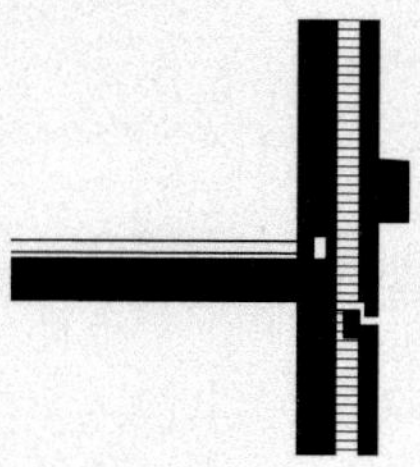

09 WOHNHOCHHAUS
ZÖLLY

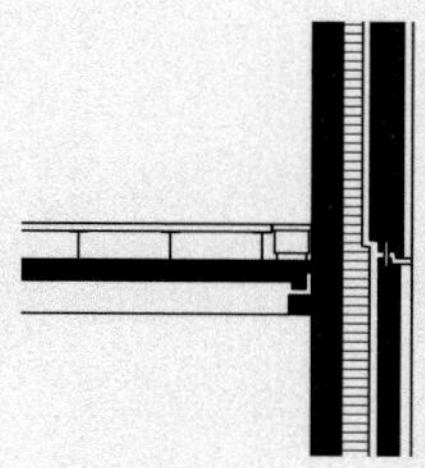

13 ETH ZÜRICH
GEBÄUDE LEE

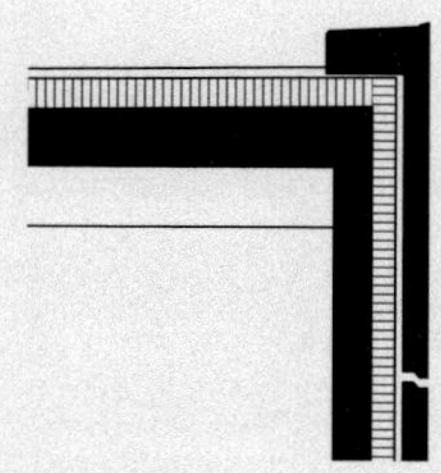

16 WERKHOF
FEUERWEHR UND
TIEFBAUAMT HERISAU

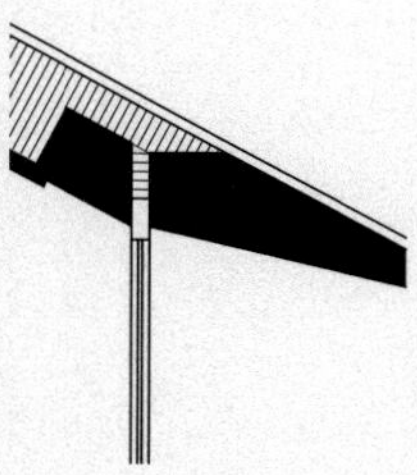

10 HAUS MIT
ZWEI STÜTZEN

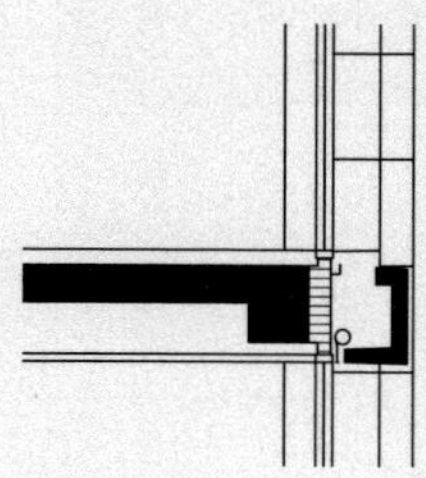

14 CREDIT SUISSE BEL-AIR
HAUPTSITZ

1–3

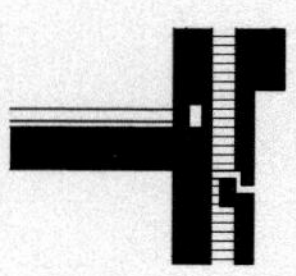

1–3

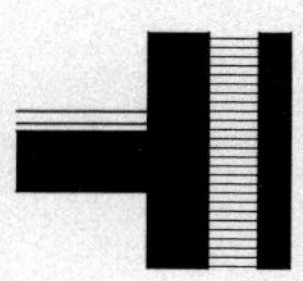

3 Schichten
Kerndämmung

1–4

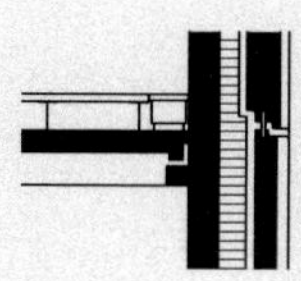

4 Schichten
Fassade tragend

1–4

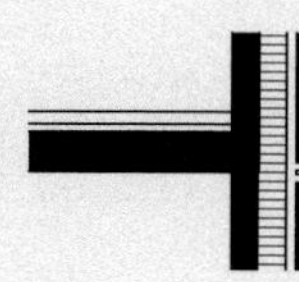

4 Schichten
Fassade nichttragend

01 REFUGI LIEPTGAS, FLIMS NICKISCH WALDER

Der ursprüngliche Holzstrickbau diente als äußere Schalung der einschaligen Dämmbetonwände. Die offenen Fugen zwischen den Balken wurden mit Schaltafeln geschlossen, die Wandinnenseiten mit raumhohen Tafeln geschalt. Der verwendete Liapor-Dämmbeton ist durch den nicht kapillaren Aufbau frostunempfindlich. Die Wasserdichtigkeit im Erdbereich wird durch einen Bitumenanstrich gewährleistet. Das Dach, ebenfalls in Dämmbeton, ist mit einem kunststoffvergüteten Zementspachtel abgedichtet. Decken, Treppe und fixe Innenausbauten sind aus Stabilitätsgründen in konventionellem Ortbeton ausgeführt. (im)

01

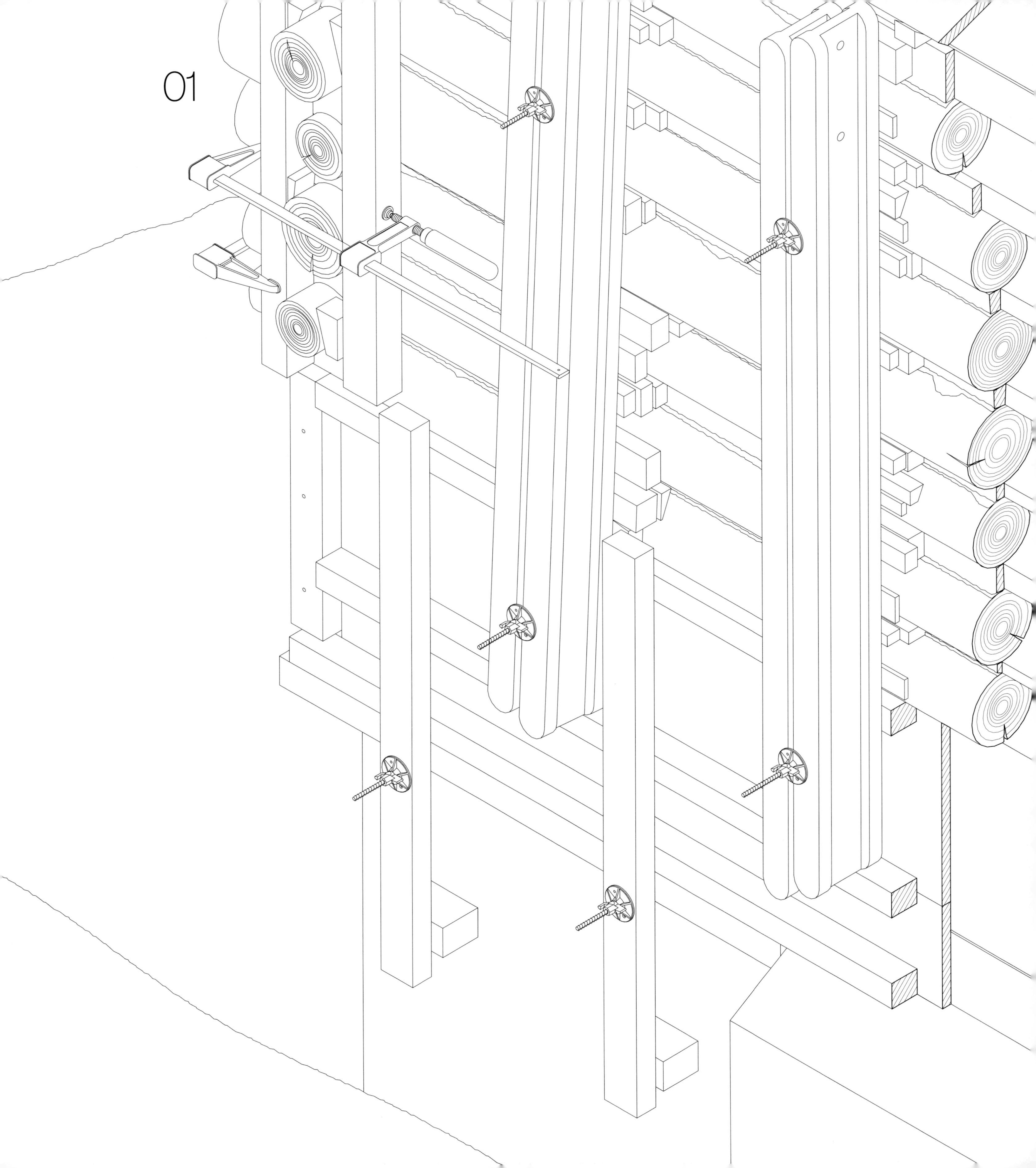

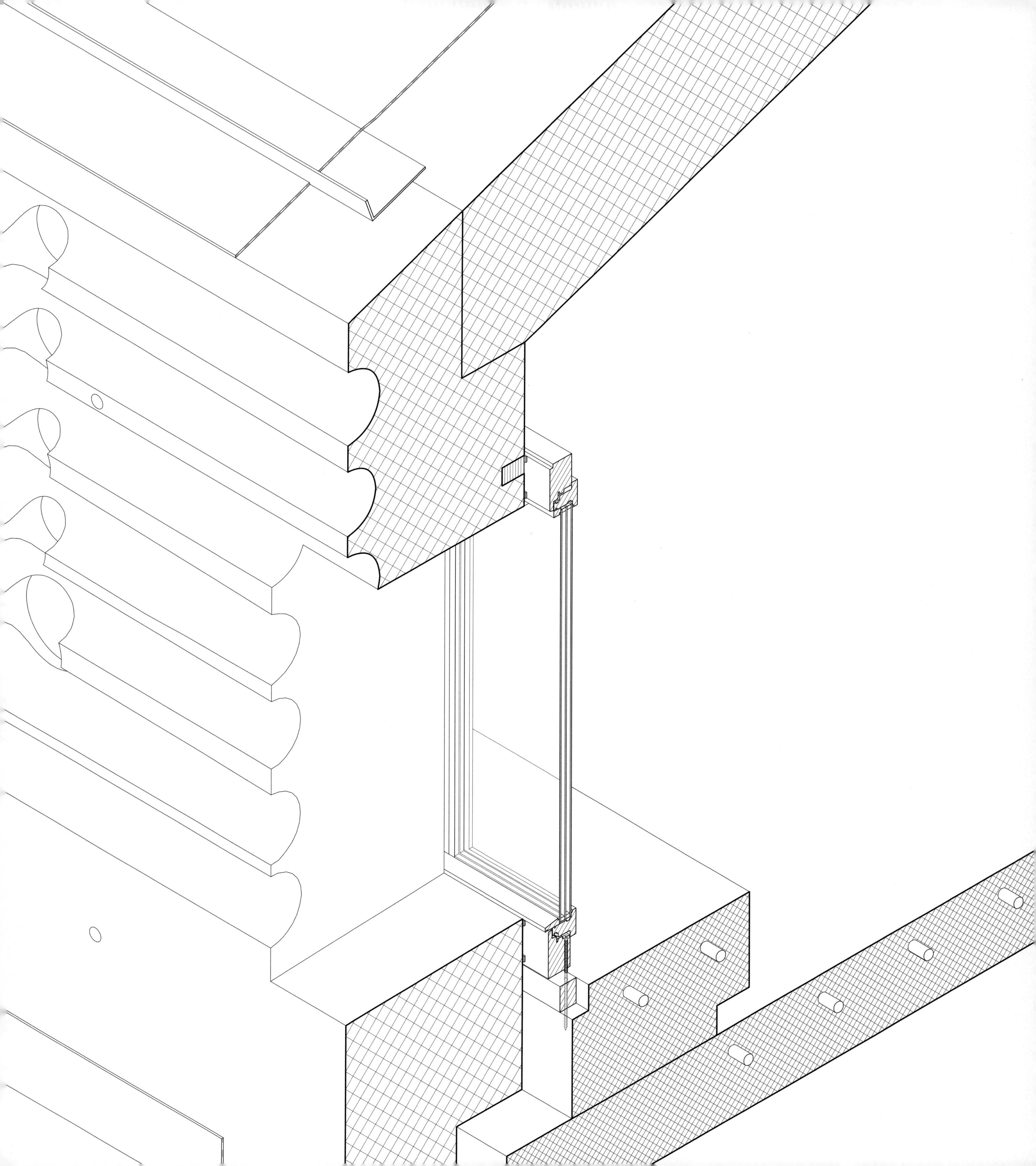

02 SCHWEIZERISCHES NATIONALPARK-ZENTRUM, ZERNEZ

VALERIO OLGIATI

Die weiten Innenräume sind stützenfrei, alle Oberflächen sind in Sichtbeton gehalten. Aufgrund der Spannweiten sind vorgespannte Decken notwendig. Um sichtbare Vorspannkabelanker in der monolithischen Außenwand zu vermeiden, sind die beweglichen Anker im Bereich der Fenster gesetzt. Nach der Vorspannung werden sie durch die Fensterbank aus konventionellem Ortbeton verdeckt. Das darüberstehende Wandstück mit der Fensteraussparung wird in einer zweiten Etappe zwischen den vorgängig betonierten Wandecken erstellt. Für die Wände werden jeweils geschosshohe Schalungsplatten verwendet. Der geschossweise horizontale Versatz der Wände formuliert die horizontale Etappengrenze der Betonarbeit durch einen präzisen Schattenwurf. (im)

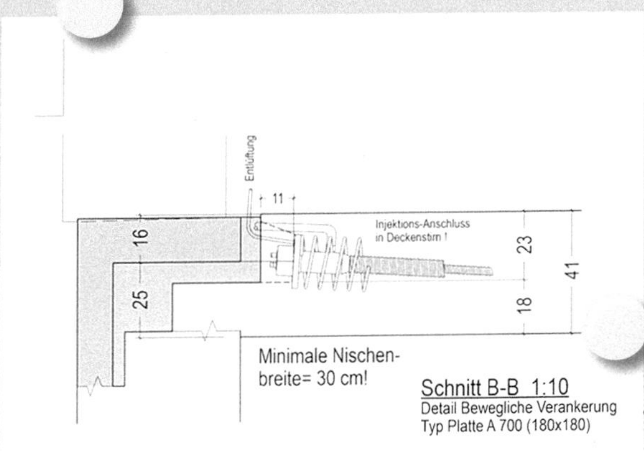

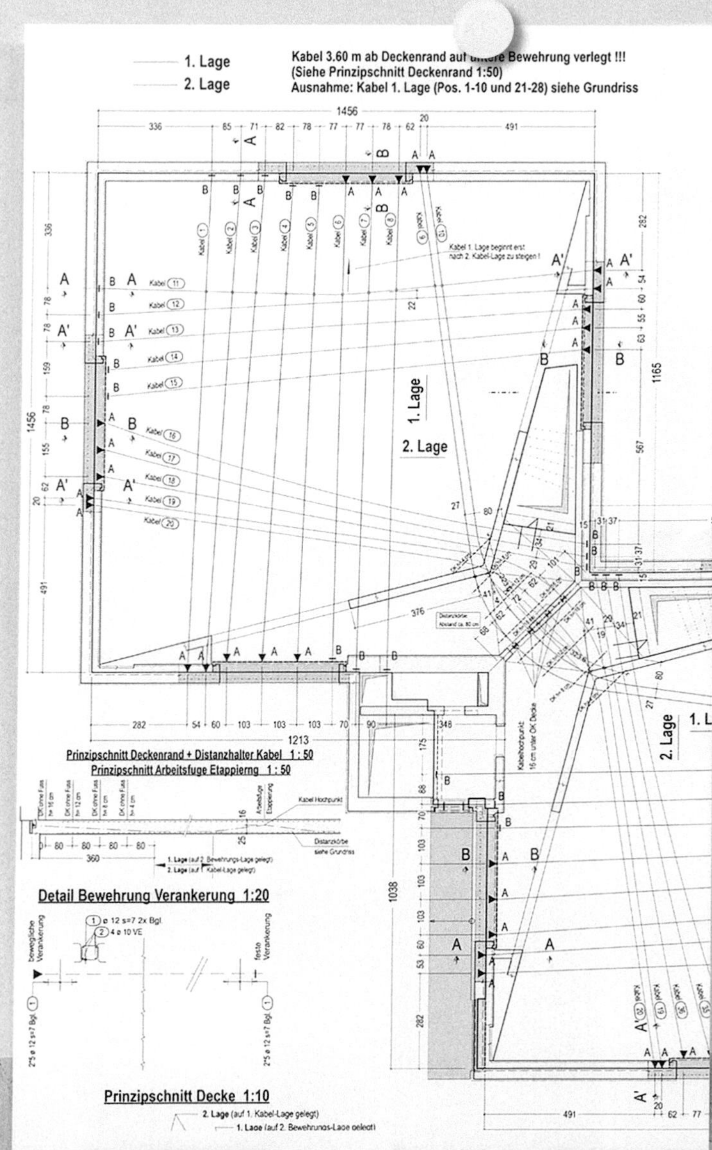

02

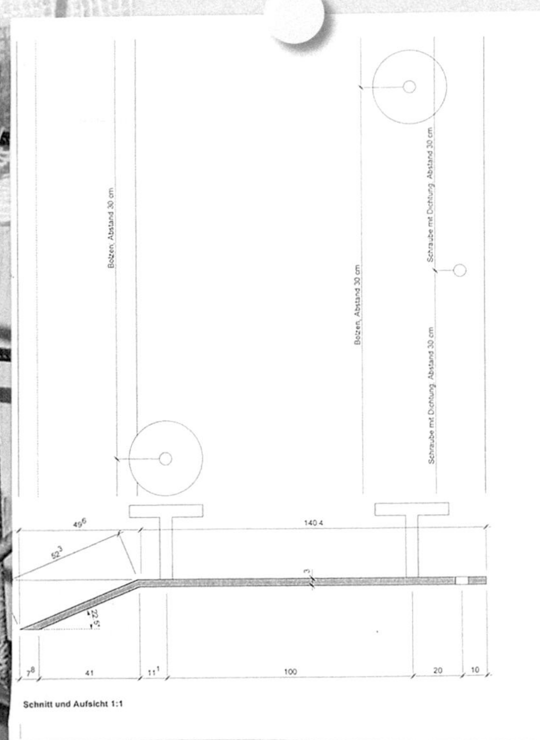
Bolzen, Abstand 30 cm
Schraube mit Dichtung, Abstand 30 cm
140.4
41
100
20
10
Schnitt und Aufsicht 1:1

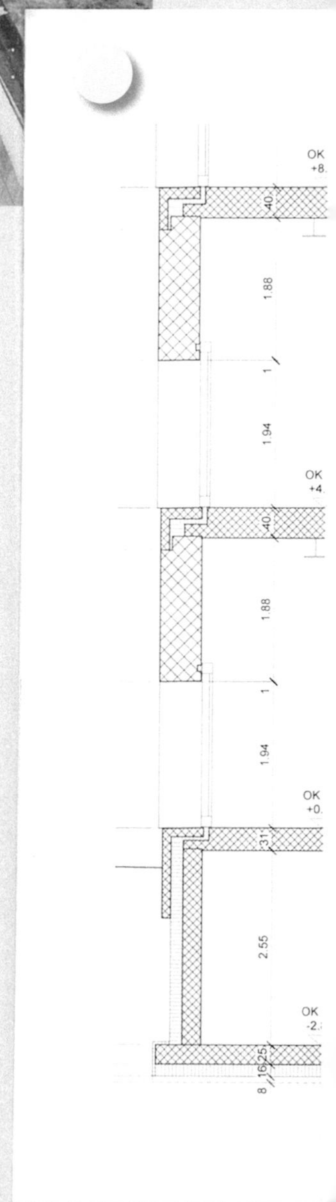
OK
1.88
1.94
OK
1.88
1.94
OK
2.55
OK

Die Außenhülle vereint zwei unterschiedliche Betonkonstruktionen. Die Wände sind einschalig aus Dämmbeton gegossen. Der Sockel wird, um mechanischer Belastung standzuhalten, durch zwei Sichtbetonwände mit Kerndämmung dazwischen gebildet. Um trotzdem ein einheitliches Erscheinungsbild zu erhalten, wurden die unterschiedlichen Betonrezepturen in vielen Mischproben einander angeglichen. Im Eingangsbereich erweitert sich der Sockel zu einer Plattform. Konstruktiv ist diese Plattform ein Flachdach, analog zum Sockel als mehrschaliges Umkehrdach konstruiert. Die Aufbordung der Abdichtung und das Detail zur Aufnahme der Dehnungsbewegungen der Sockelplatte sind unsichtbar innerhalb der Dämmbetonwand gelöst. Der monolithische Ausdruck des Gebäudes wird so konsequent umgesetzt. (im)

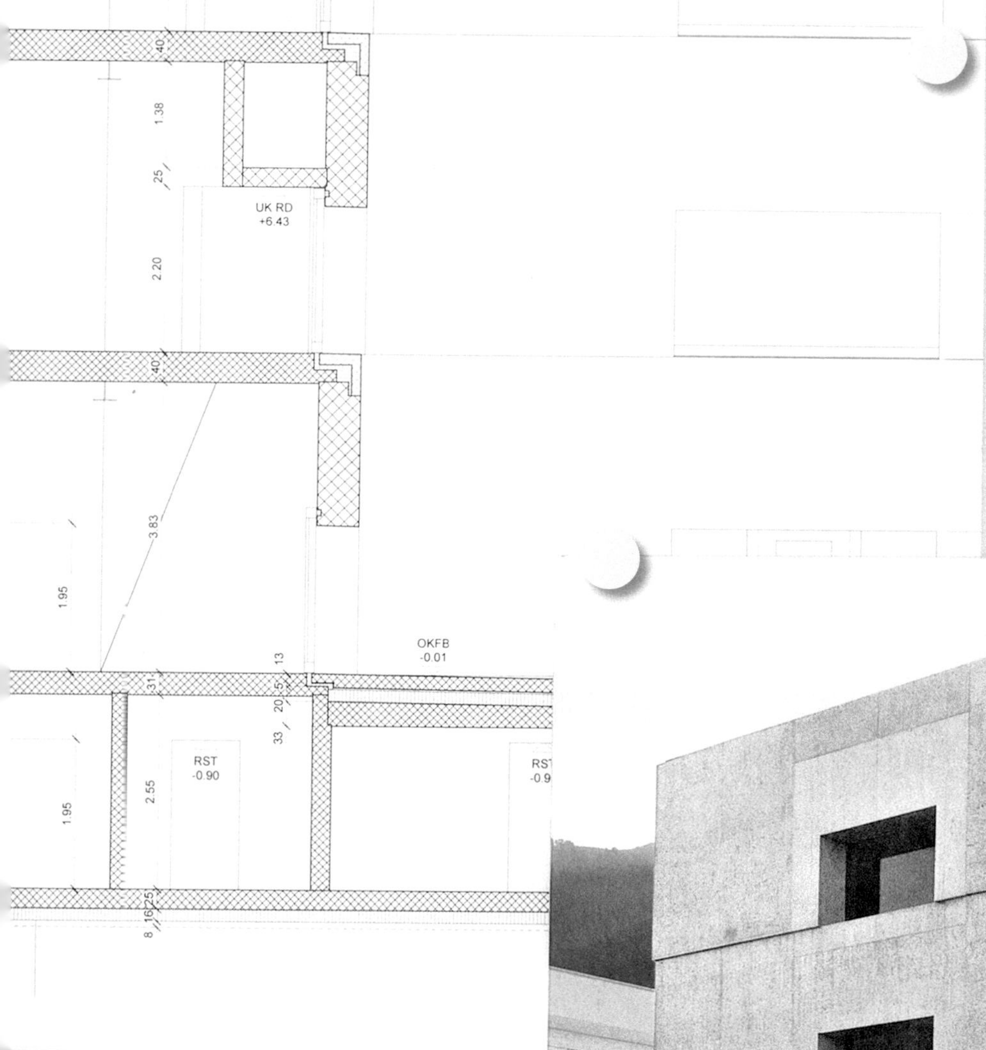

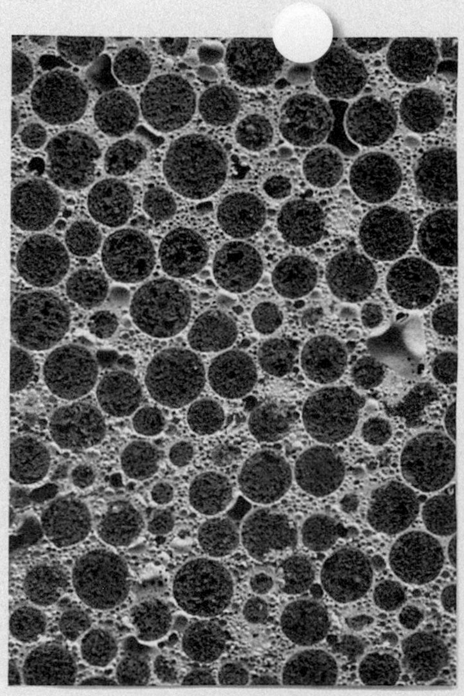

02A

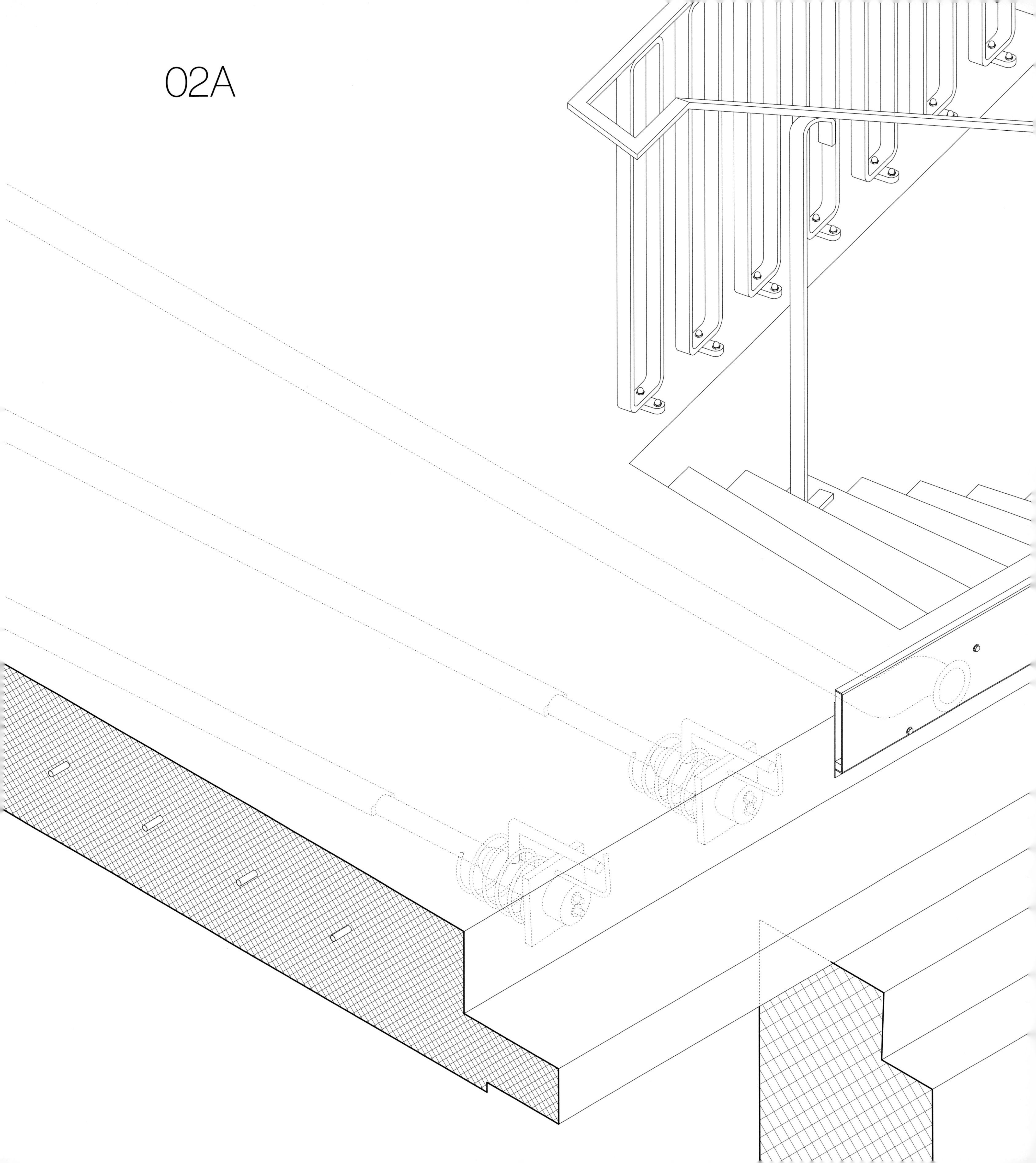

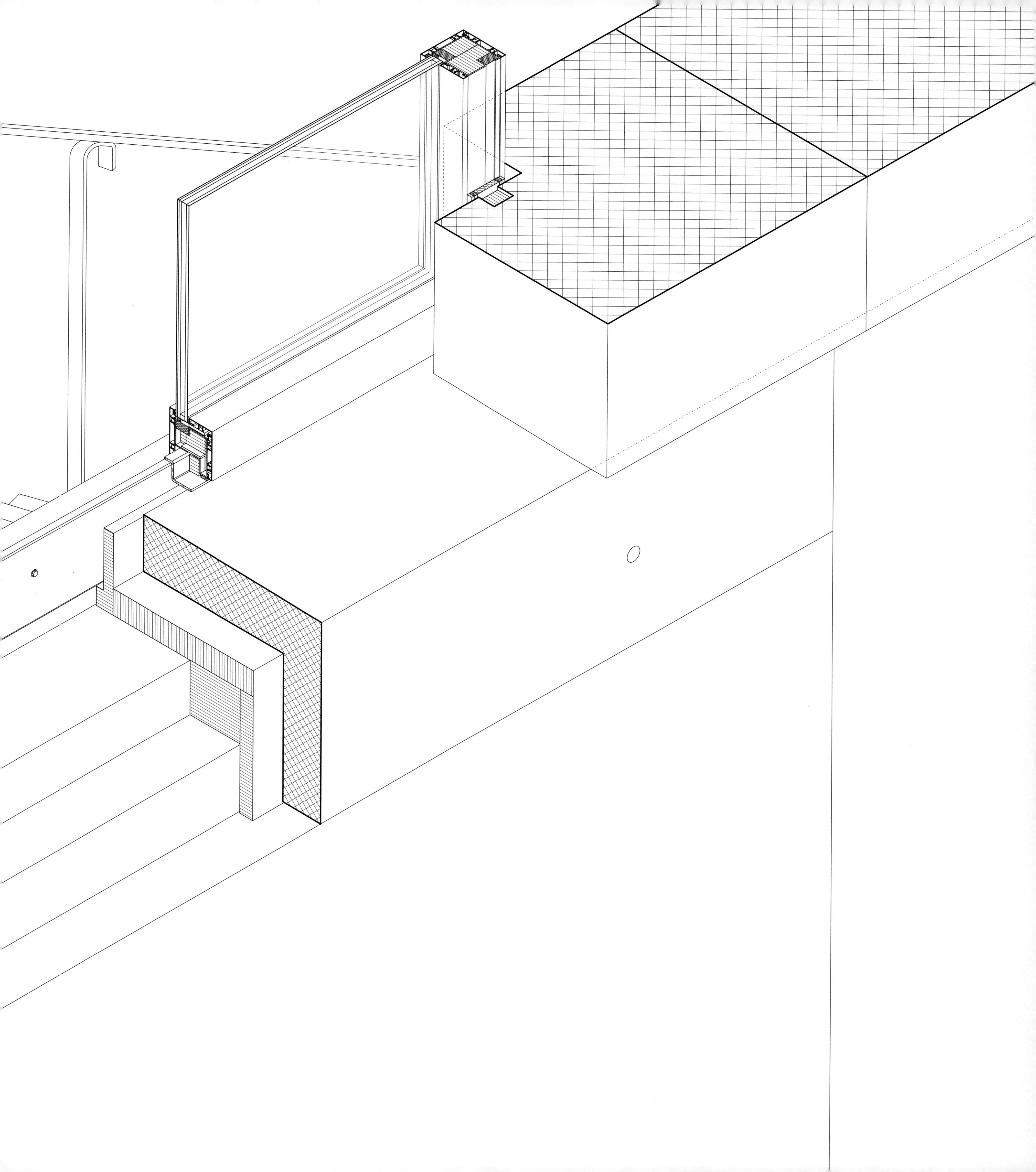

02A

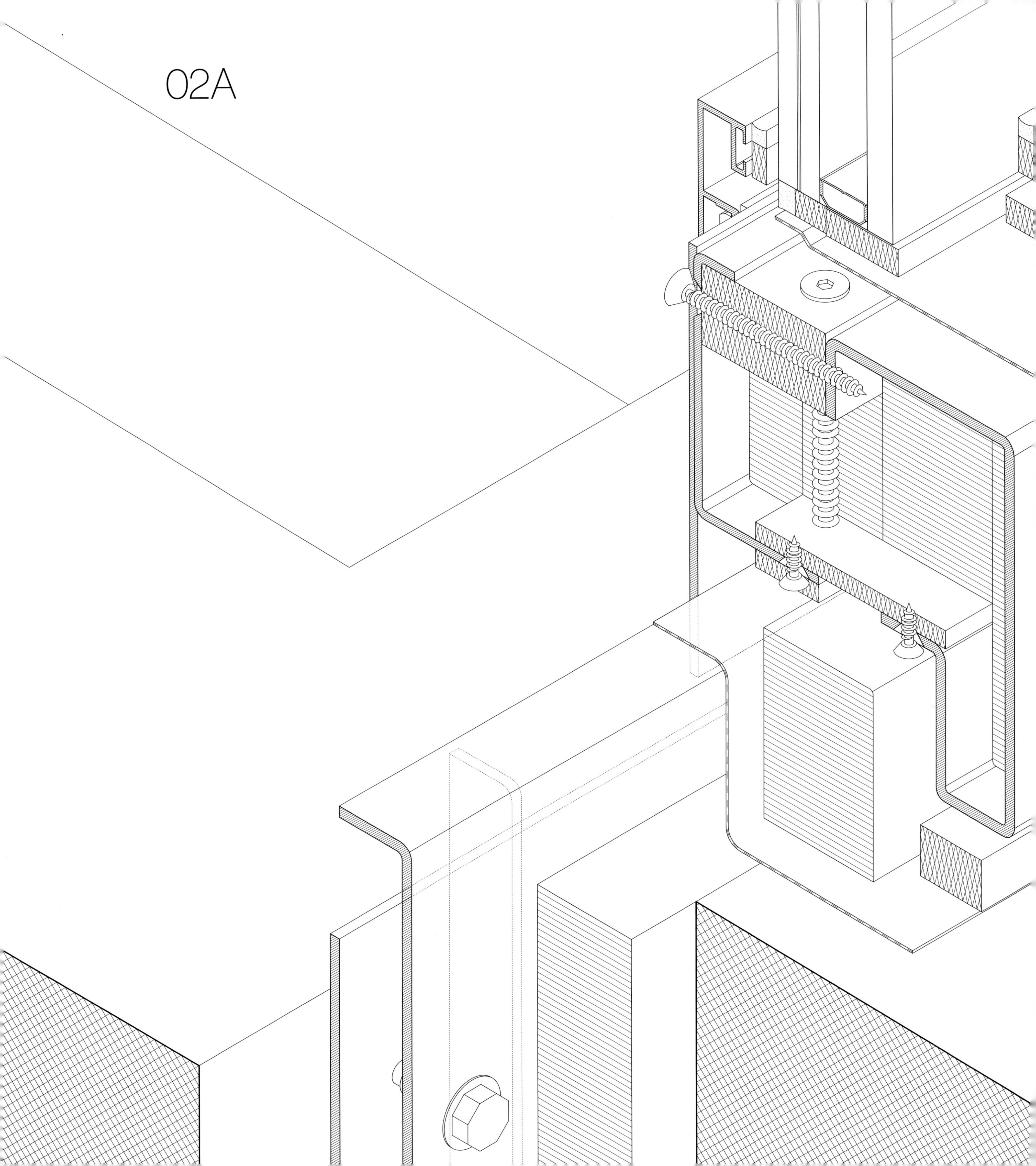

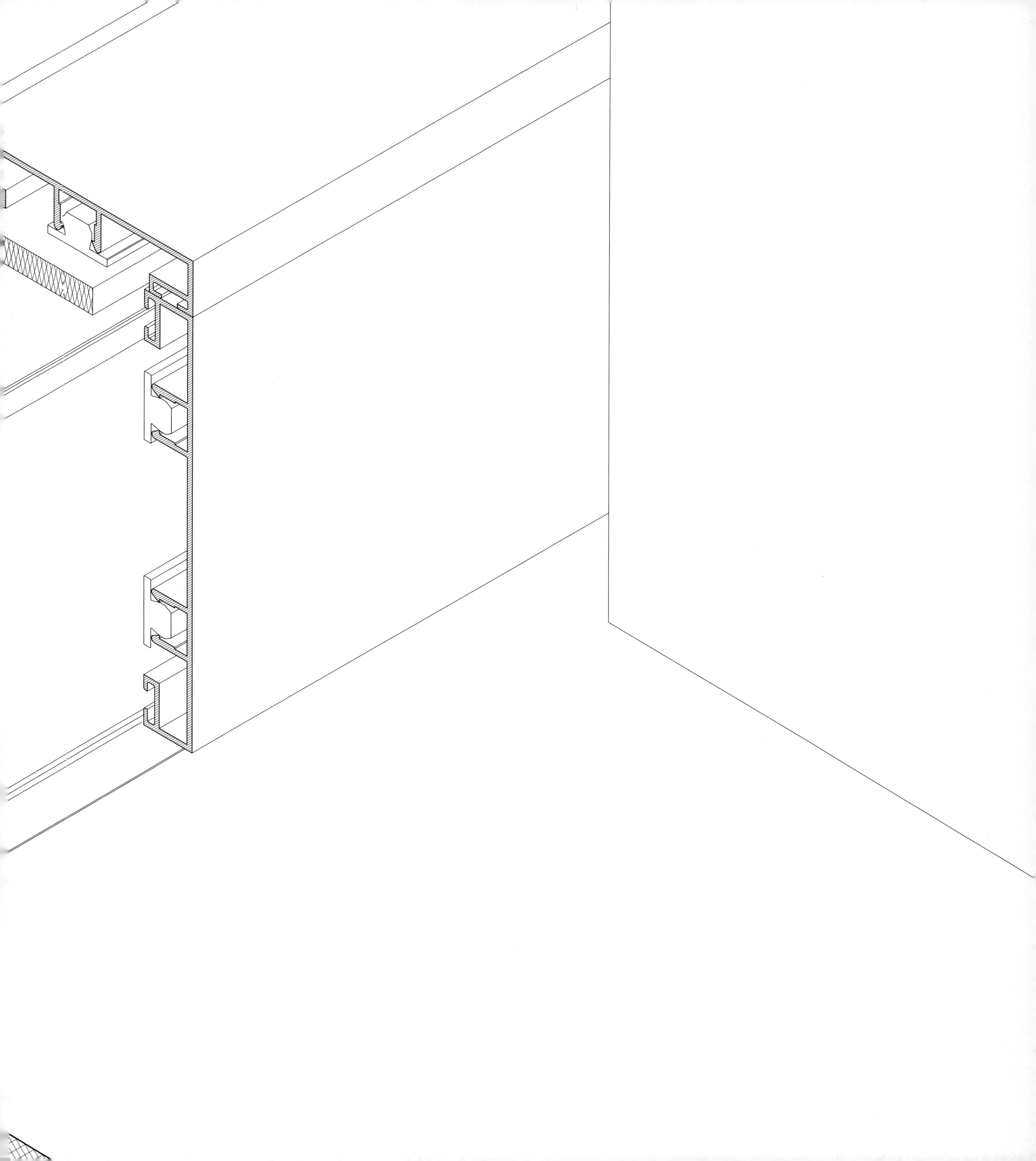

02B

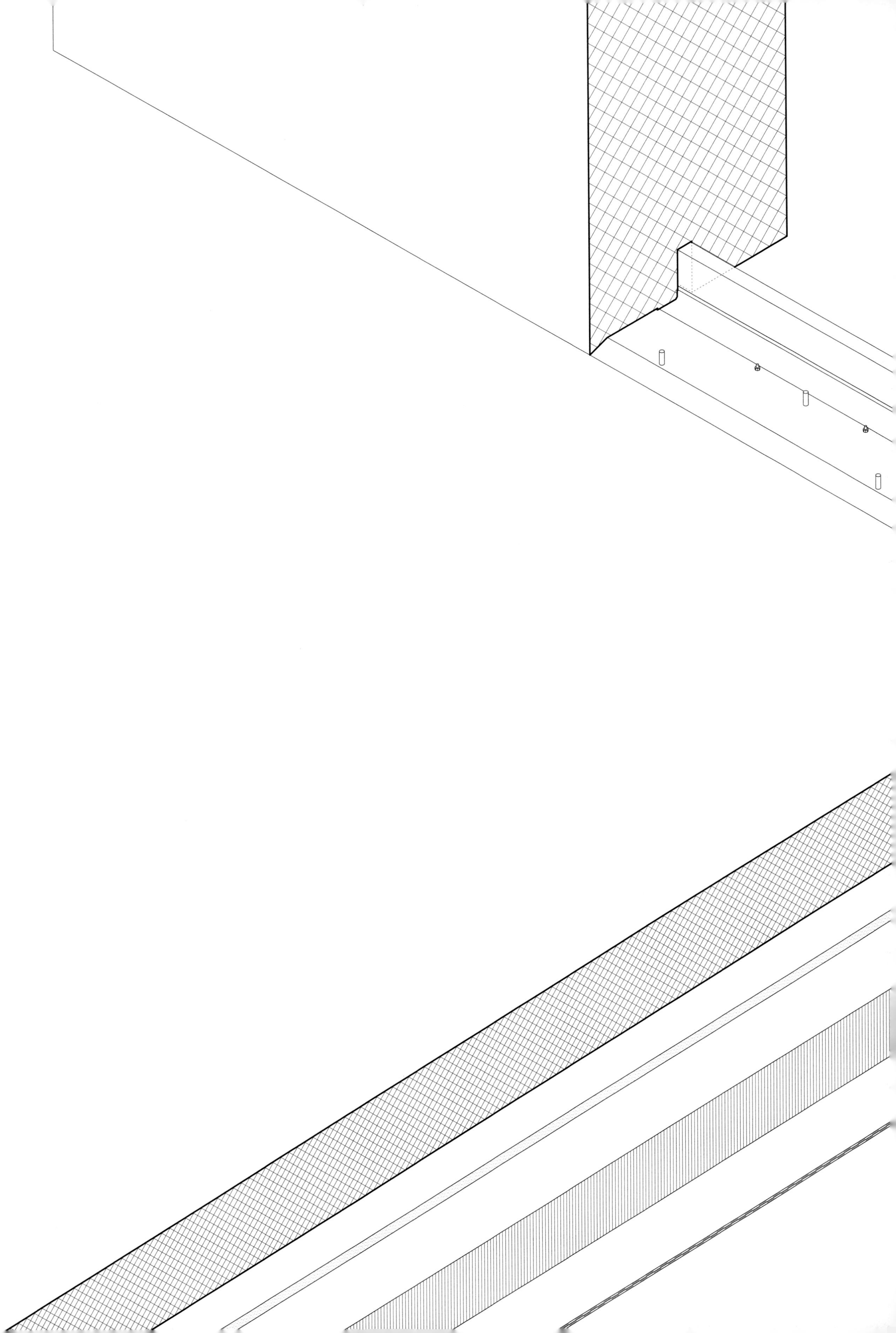

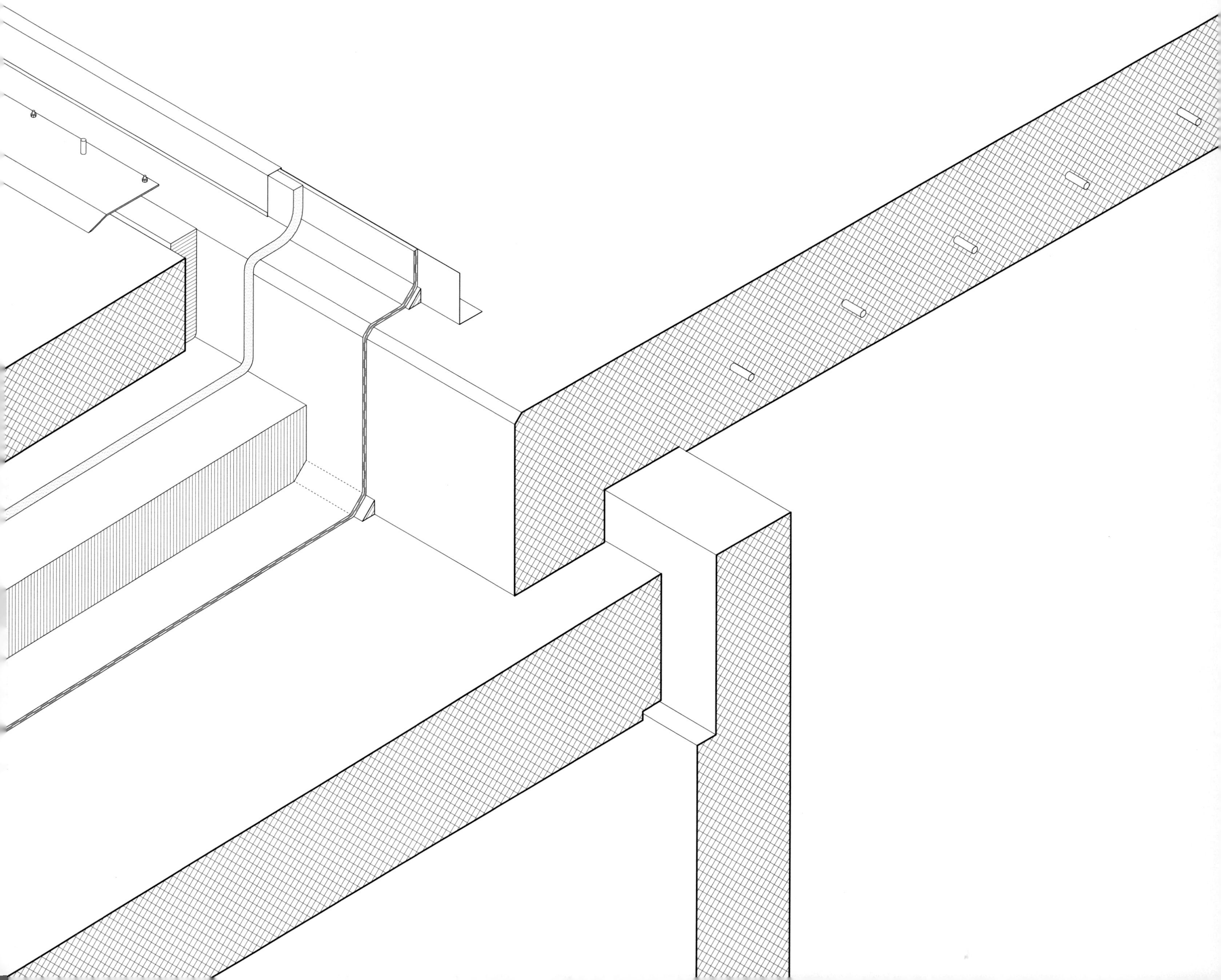

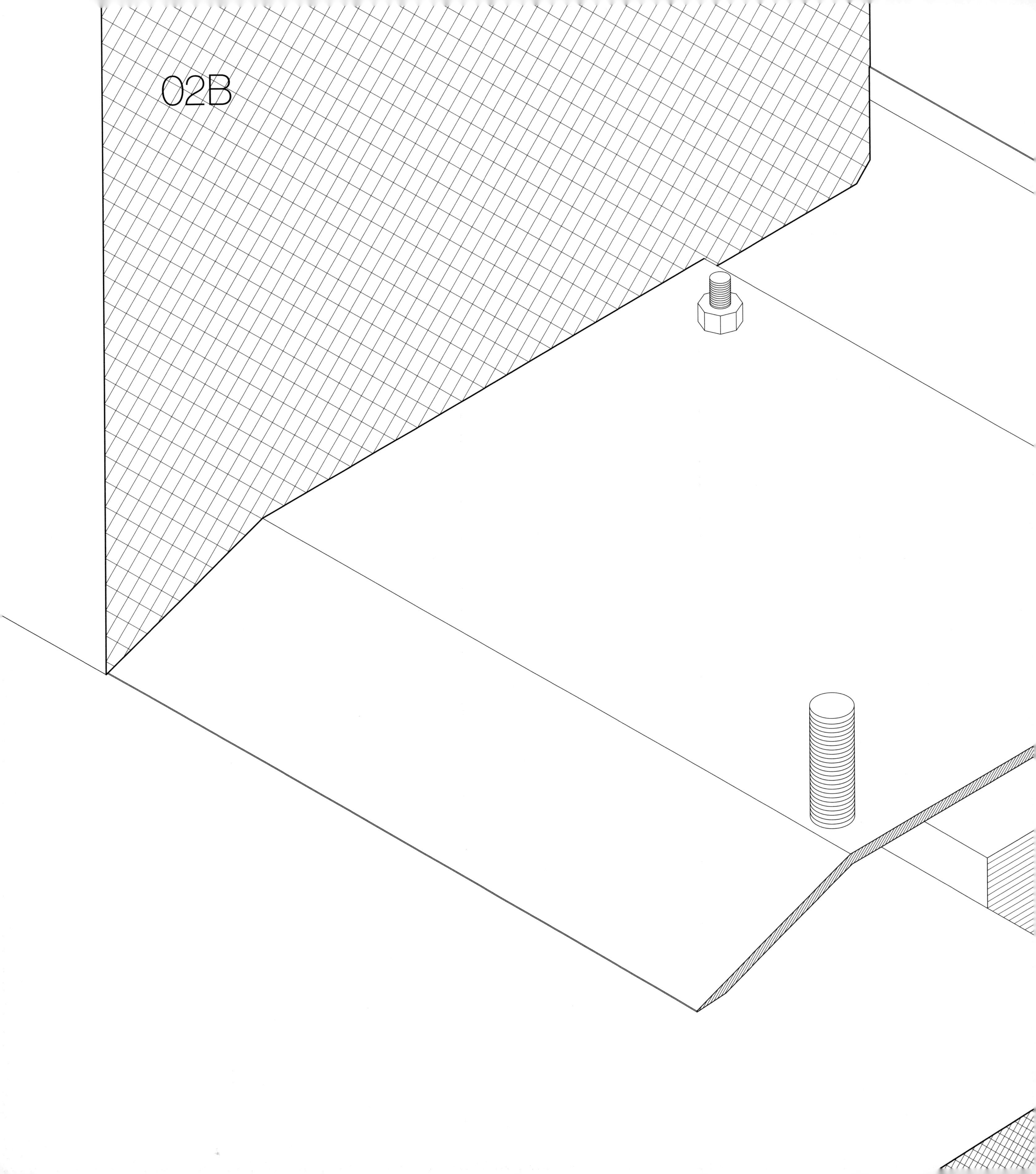
02B

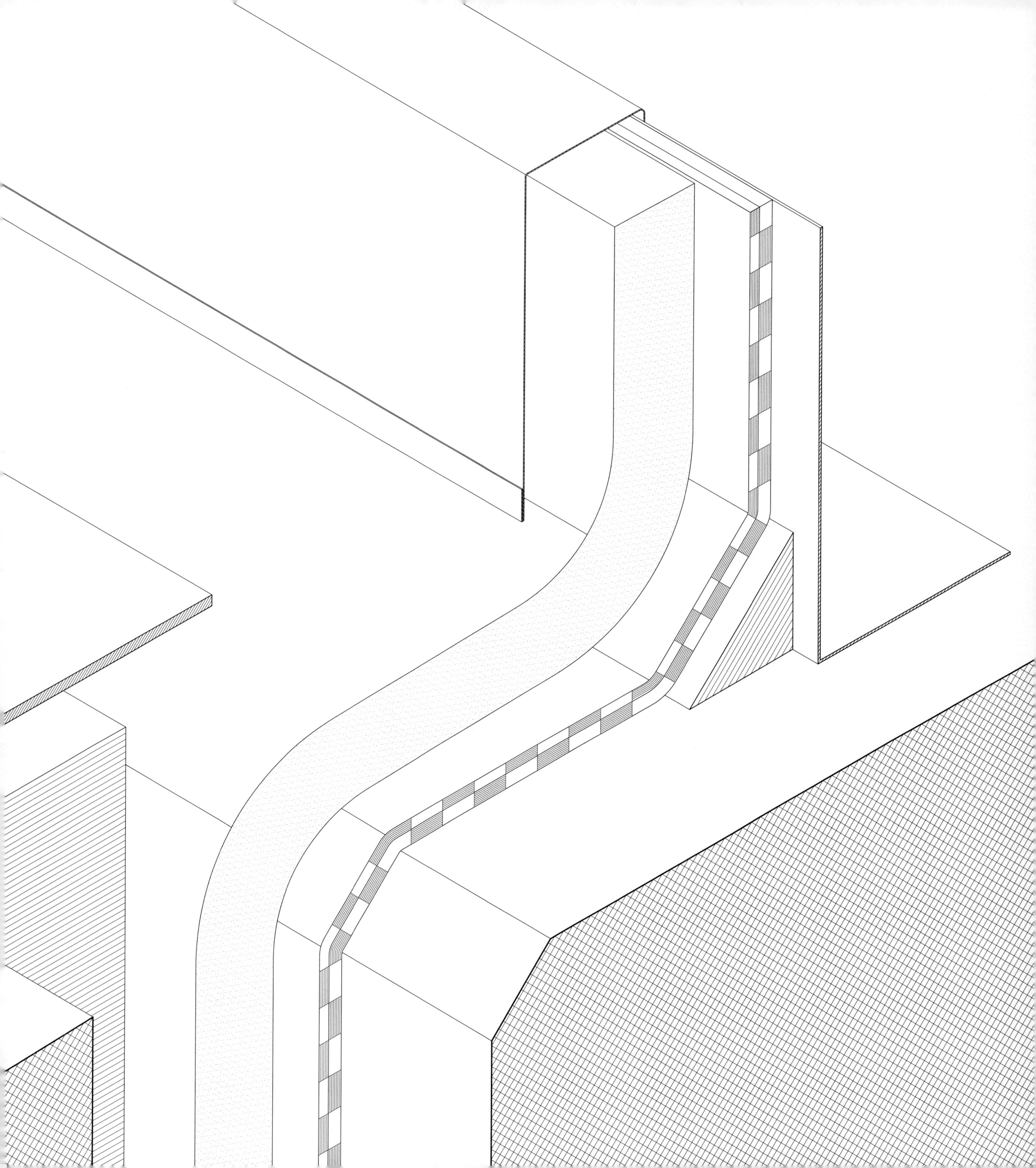

03 HAUS GARTMANN, CHUR PATRICK GARTMANN

Die einschalige, monolithische Bauweise ermöglicht einen rein plastischen Entwurf. Die Neuentwicklung eines optimierten, wärmedämmenden Betons und ein umfassendes Verständnis bauphysikalischer Phänomene am Bau bilden die wissenschaftlichen Grundlagen dazu. Alle Fassaden sind in Liapor-Dämmbeton mit Weißzement ohne nachträgliche Hydrophobierung erstellt. Sie erreichen einen U-Wert von 0.53 W/m²K. Das Flachdach aus 60 cm Dämmbeton ist mit einer diffusionsoffenen Schlämmung zusätzlich abgedichtet. Decken und Innenwände bestehen aus konventionellem Sichtbeton. Die Detaillierung ohne Spenglerarbeiten und Fensterbänke sowie der direkte Innenanschlag der Holzfenster und -türen sind konsequenter Ausdruck der neu ermöglichten radikalen Einfachheit. (ck)

03

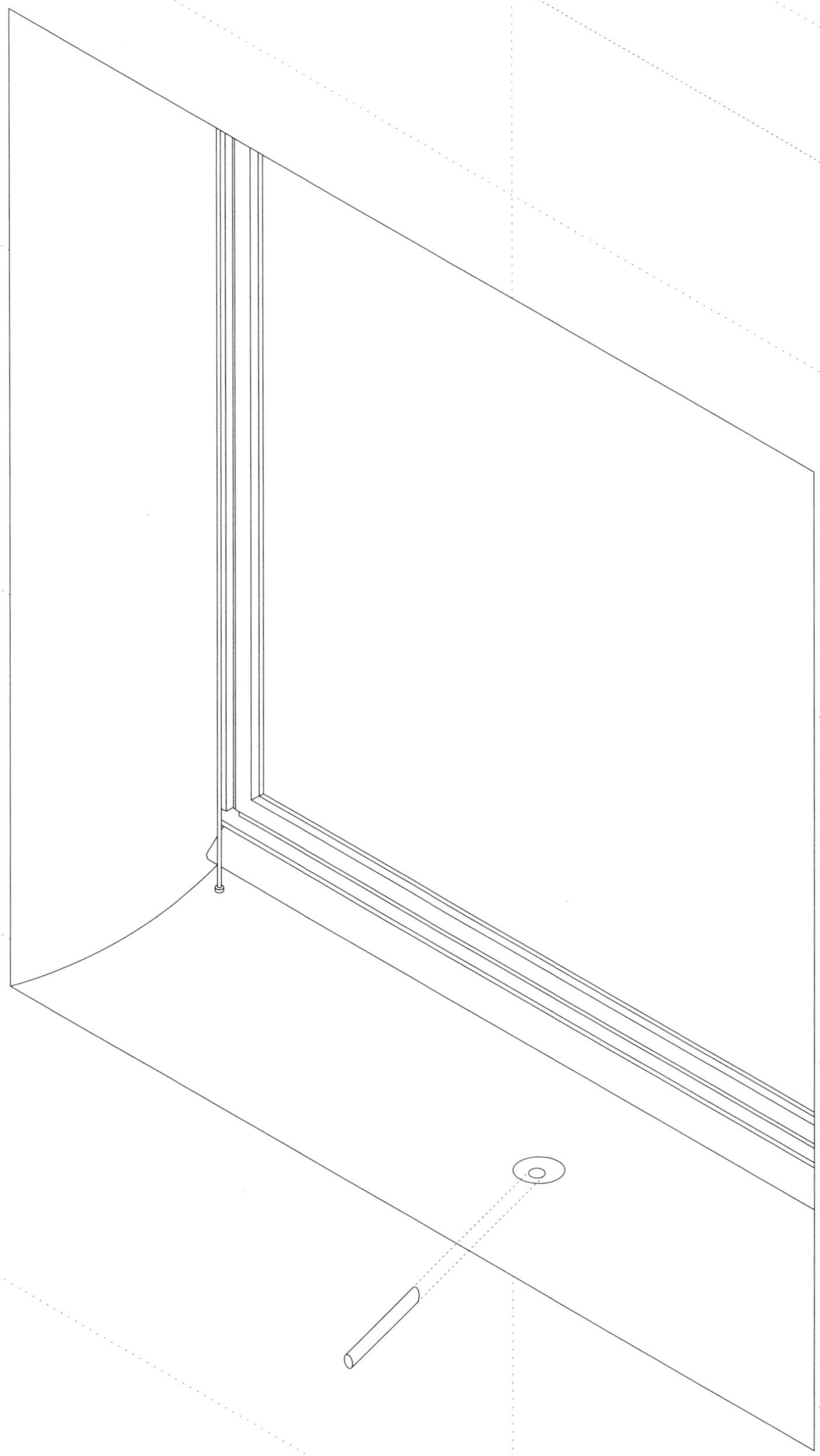

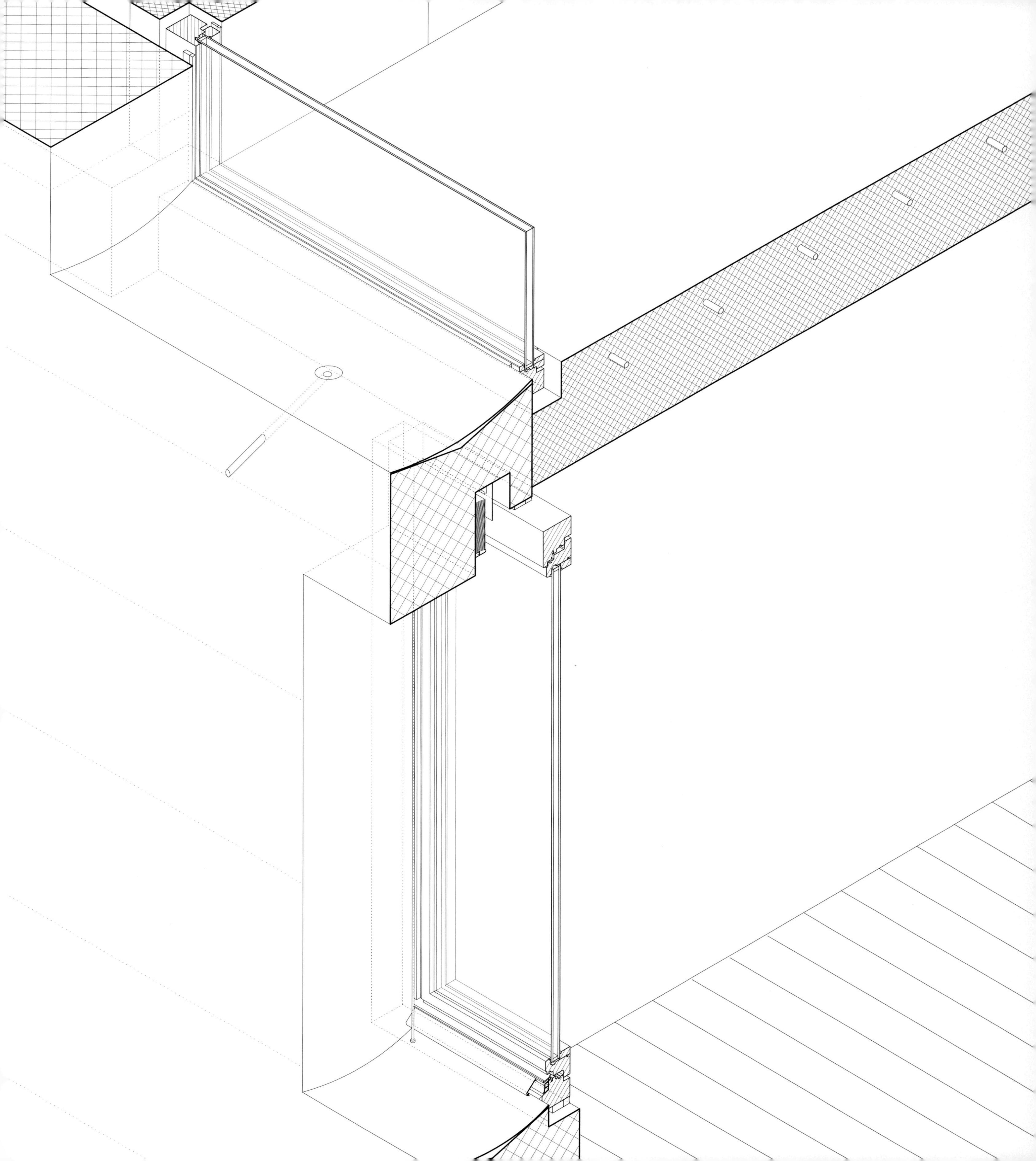

03

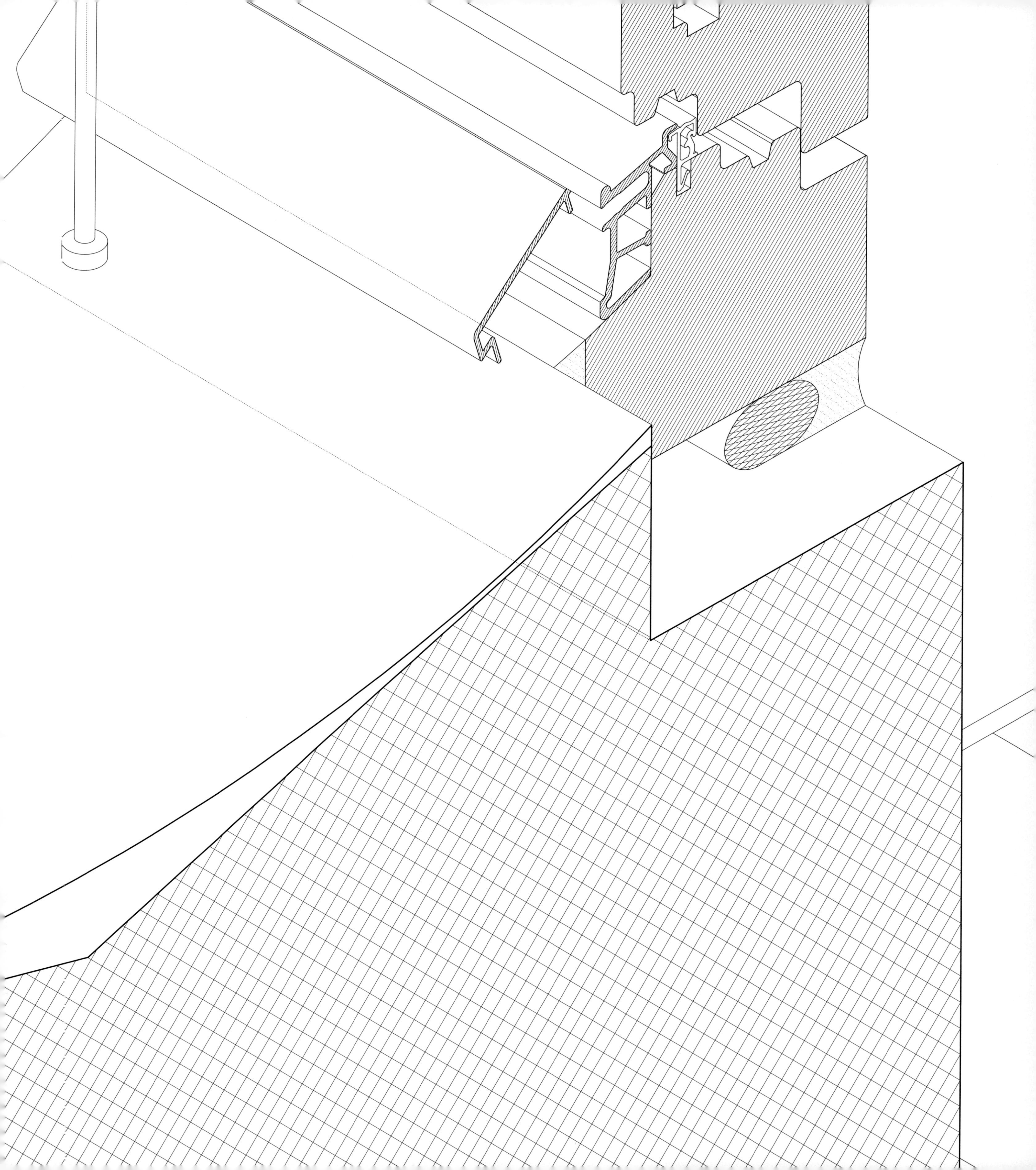

04 BRUGGERBERG, BRUGG KEN ARCHITEKTEN

Die Außenwände des Monolithen aus Stahlbeton sind an den geheizten Bereichen innen mit einer Wärmedämmung und Vollgipsplatten als Vorsatzschale verkleidet. Die tragenden Innenwände bestehen aus Stahlbeton oder Backstein, die Zimmertrennwände sind nicht tragende Ständerwände mit beidseitiger Beplankung aus Gipskartonplatten. Die durchlaufenden Betondecken weisen im Randbereich innenliegende Dämmeinlagestreifen auf. Die Terrasse ist mit einer Dampfsperre vollflächig verklebt, darüber mit einer Wärmedämmung belegt und bituminös abgedichtet. Die Nutzschicht bilden auf Splitt verlegte Zementplatten. Die raumhohe Fensterfront zur Terrasse besteht aus Holz-Metall-Fenstern mit 3-fach-Isolierverglasung und ist mit Hebeschiebetüren zu öffnen. (dm/ds)

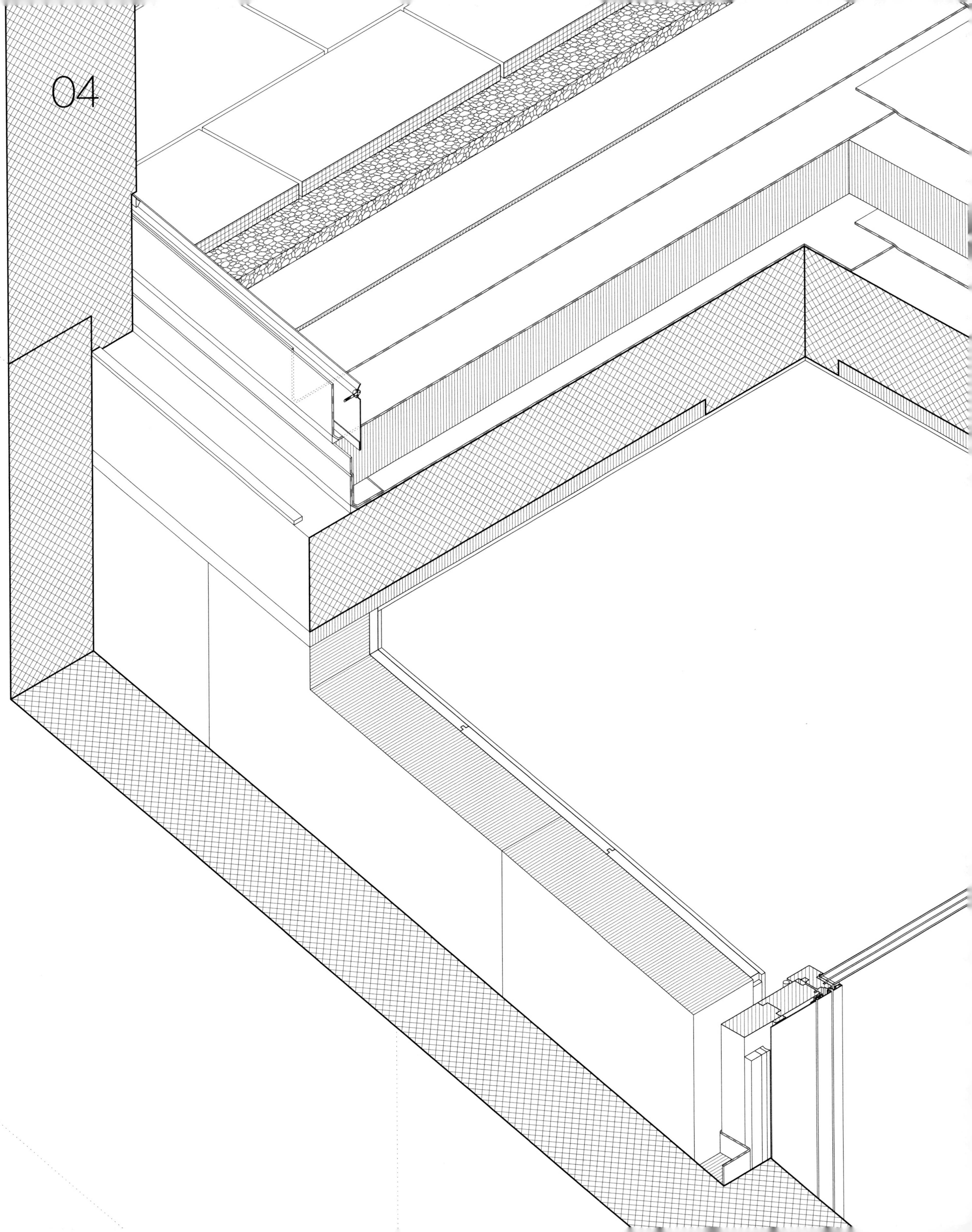
04

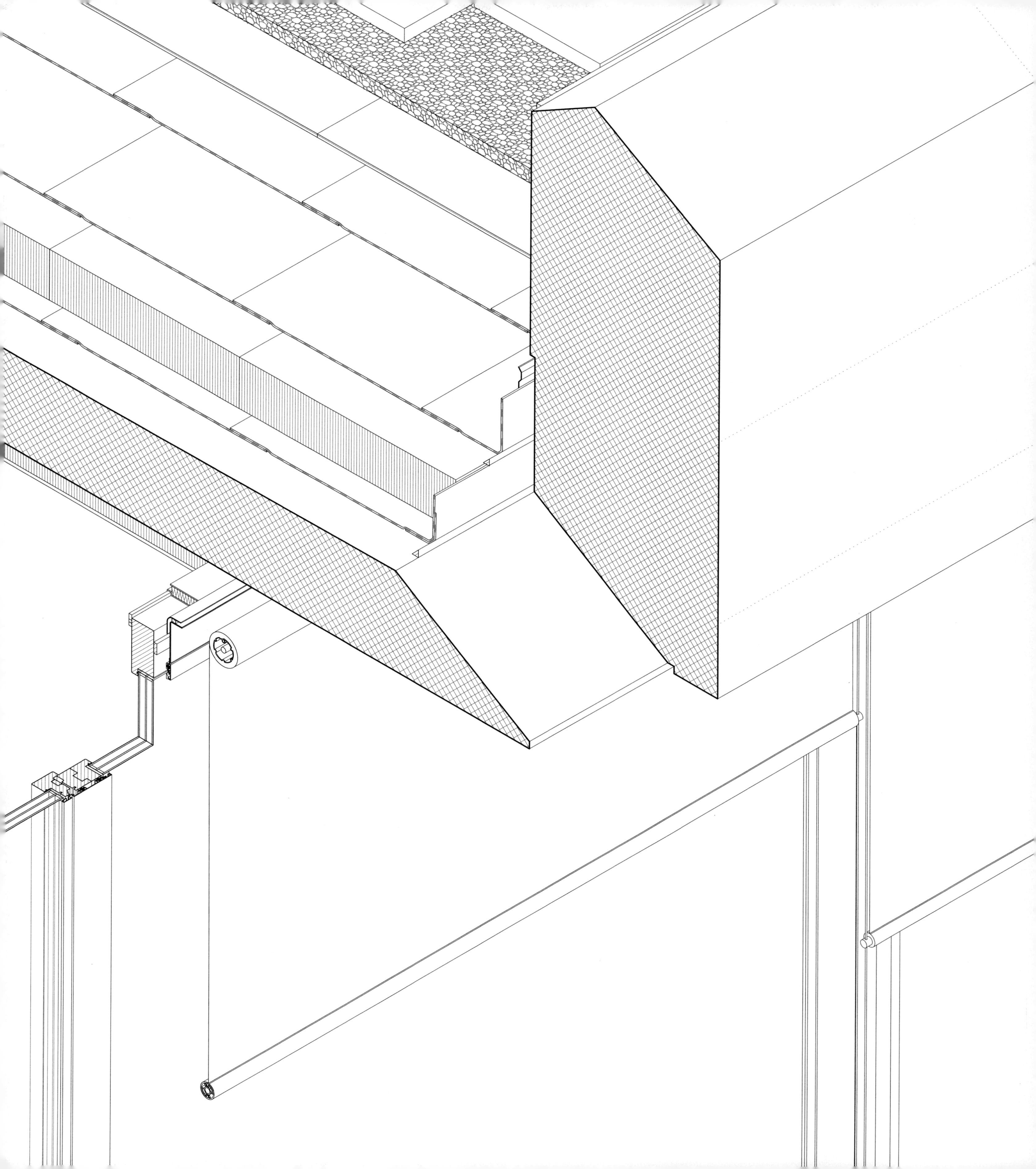

05 HAUS SANDMEIER, VEYRIER LACROIX CHESSEX ARCHITECTS

Die tragende, innen gedämmte Betonkonstruktion bildet die Fassaden und bestimmt den Ausdruck: Kurze Wandscheiben und massive Geschossplatten, vertikale und horizontale Bauteile bringen miteinander ein sich wiederholendes T-förmiges Motiv hervor. Die Geschossdecken sind an der thermischen Grenze nicht durchschnitten und kragen aus. Lokale Dämmeinlagen verhindern eine Kondensatbildung. (tl)

05

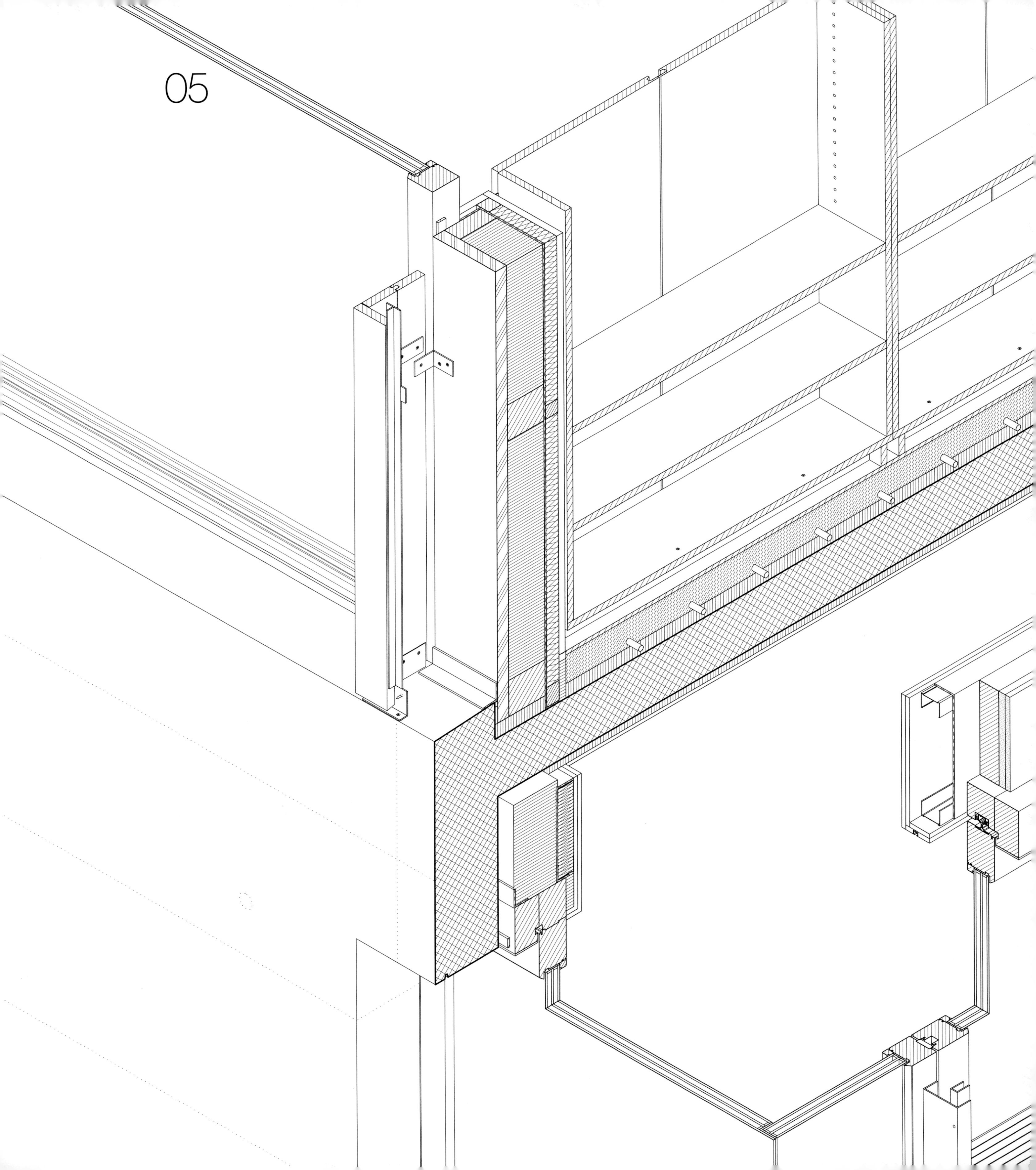

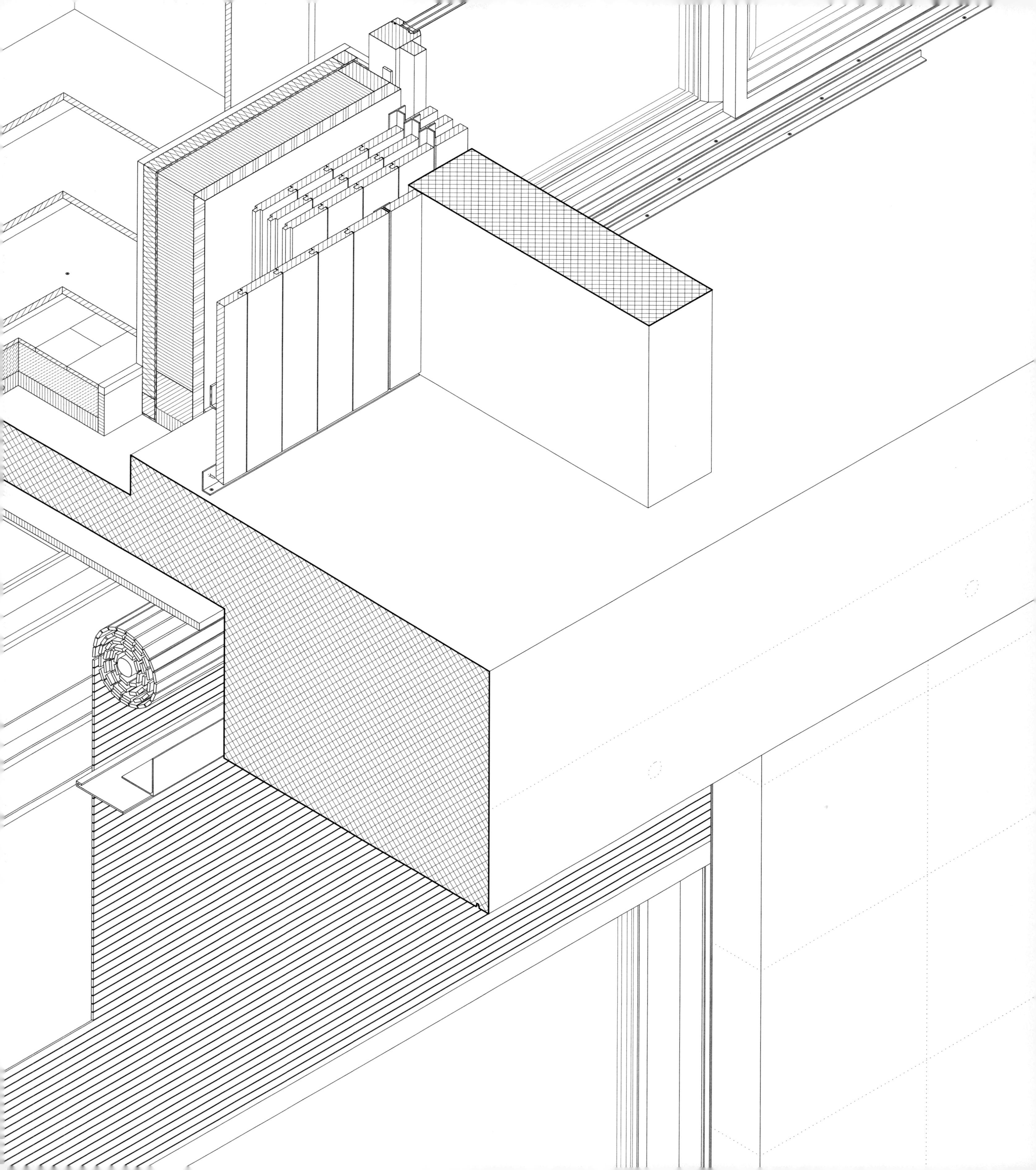

06 WOHNHAUS NEUFRANKENGASSE, ZÜRICH EM2N

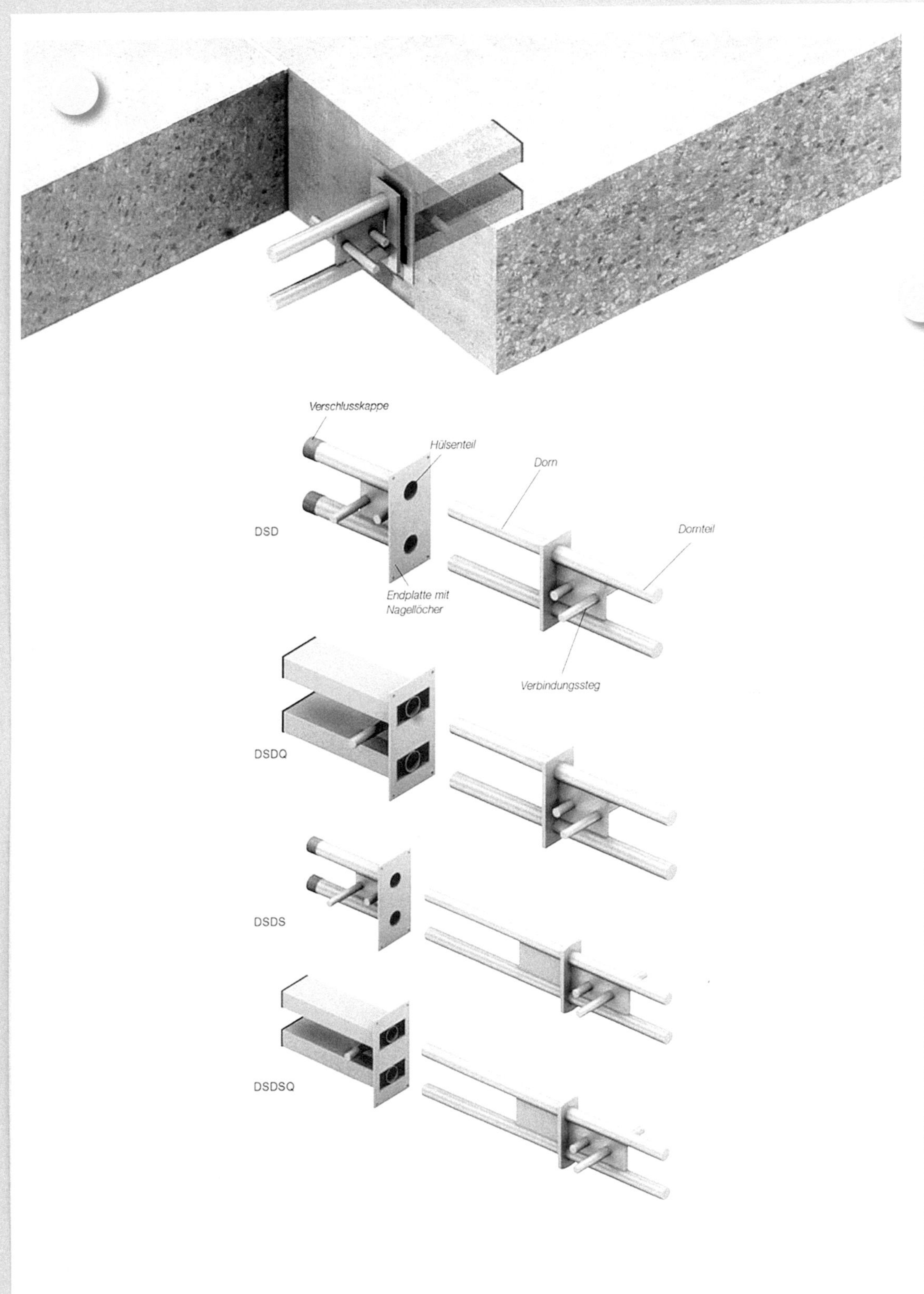

Die scheinbar starre Sichtbetonfassade und die innere Gebäudestruktur bilden gemeinsam das Tragwerk des innen gedämmten Baukörpers. Um diesem Dehn- und Schrumpfbewegungen zu gewährleisten, werden die beiden Stahlbetonbauwerke mit Dehnfugen getrennt, wodurch Spannungen im Bauwerk minimiert werden. Der dazu verwendete Querkraftdorn ist hoch belastbar und durch eine im Bereich der Fuge eingeschweißte Stahlplatte für die Übertragung von Querkräften über große Fugen hinweg optimiert. Das Element besteht aus zwei Dornen und ermöglicht – im zylindrischen Hülsenteil in Rechteckrohren gelagert – zusätzlich zur axialen Bewegung auch eine horizontale Verschiebung des Dorns in Dehnfugen-Längsrichtung. (dm/ds)

06

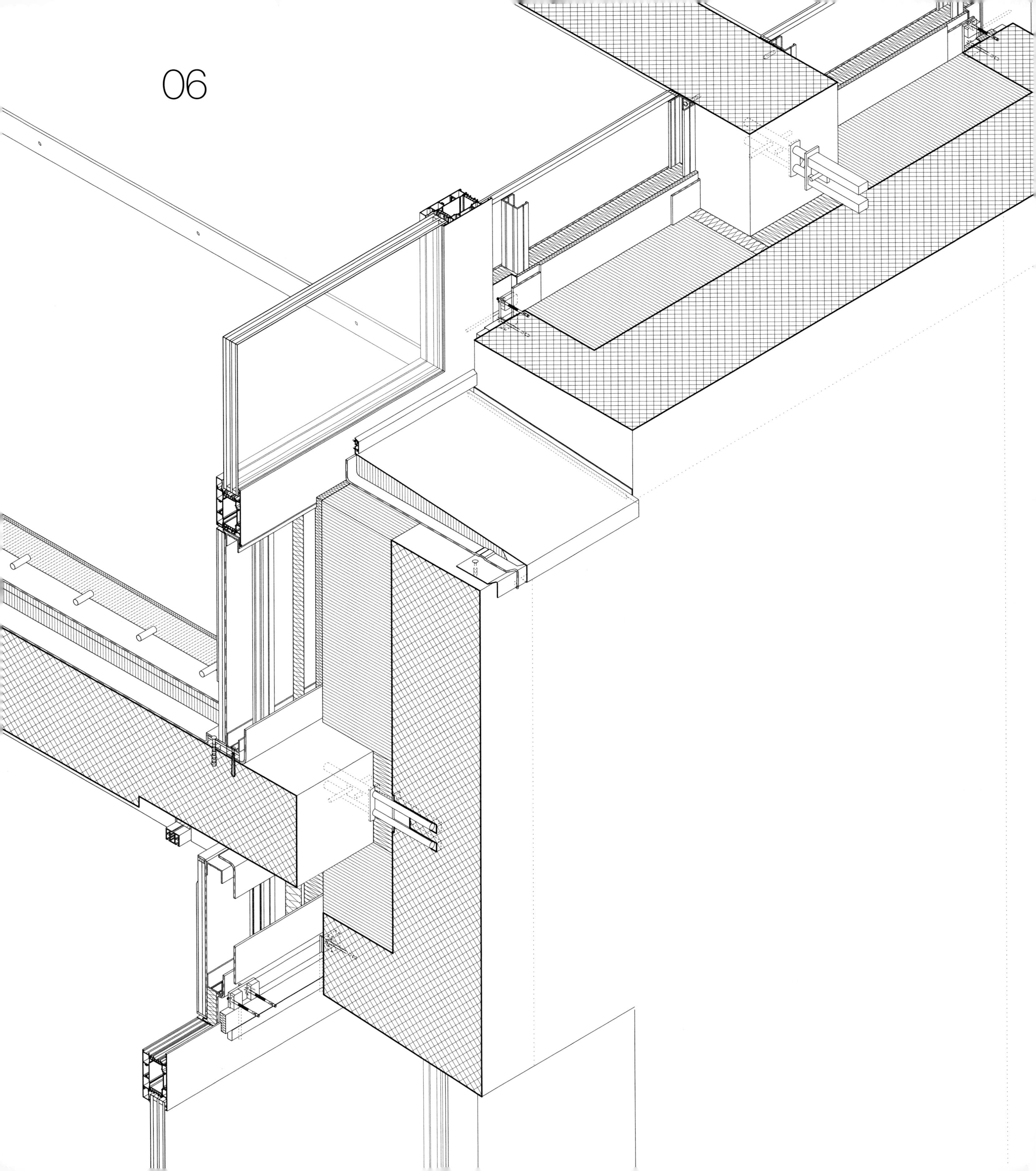

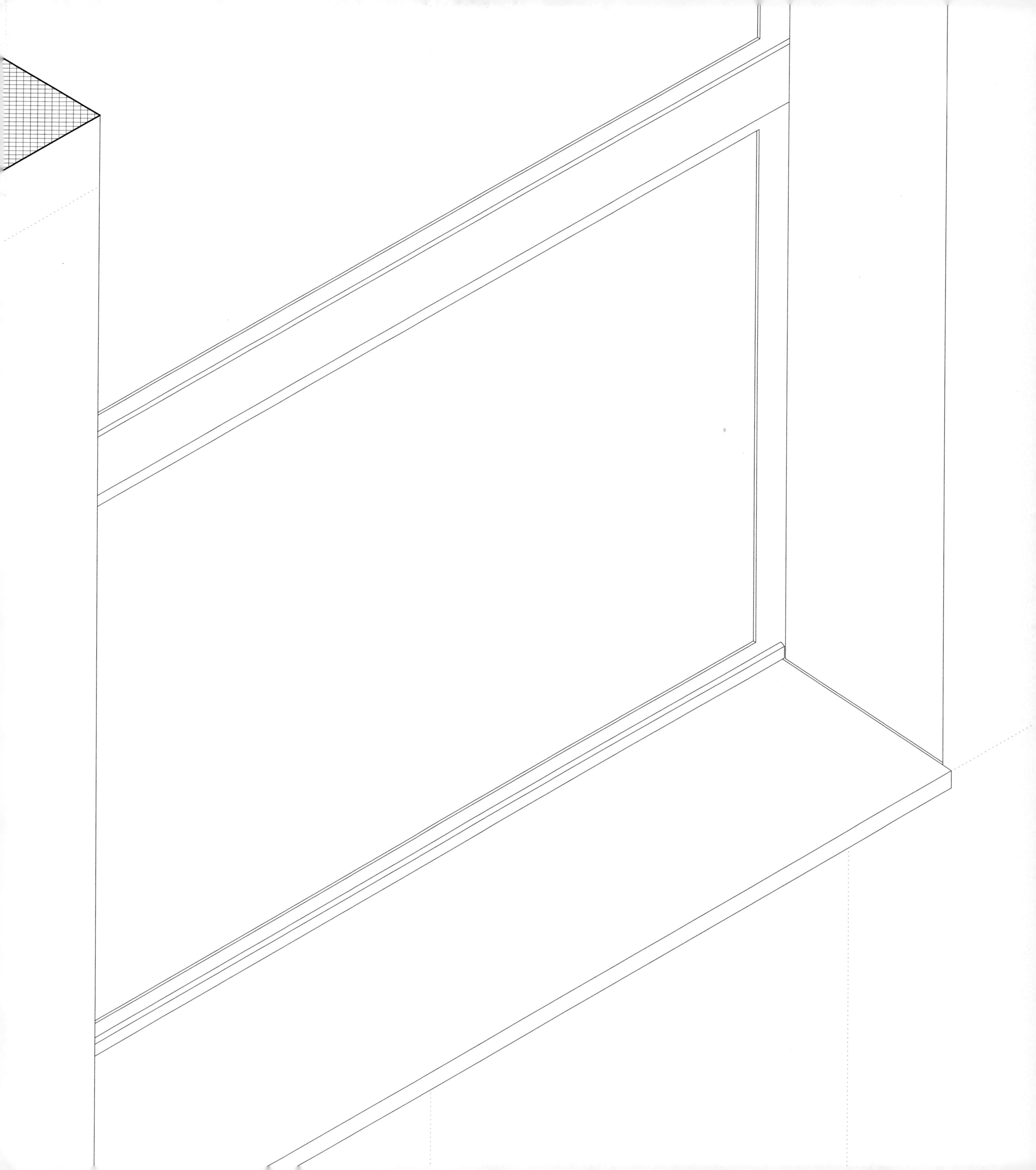

07 WOHNHAUS SCHWARZPARK, BASEL

MILLER & MARANTA

Das städtische Mehrfamilienhaus schafft vielfältige Bezüge zum alten Baumbestand des Schwarzparks. Eine Mischkonstruktion von vorfabrizierten Trägern und ortsbetonierten Pfeilern bildet die selbsttragende, innen gedämmte, fugenlose Außenfassade. Da diese den Decken nur an den Schmalseiten punktuell als Auflager dient, stützt ein inneres Tragwerk die acht Wohngeschossplatten und wird durch die Treppenhäuser ausgesteift. Schalungen mit Justierspindeln für die vorgefertigten Träger erlauben die effiziente und präzise Fassadenausführung. Ortbeton und vorgefertigte Teile werden durch die den Bäumen angeglichene braungraue Lasur der Fassade vereinheitlicht. (dm/ds)

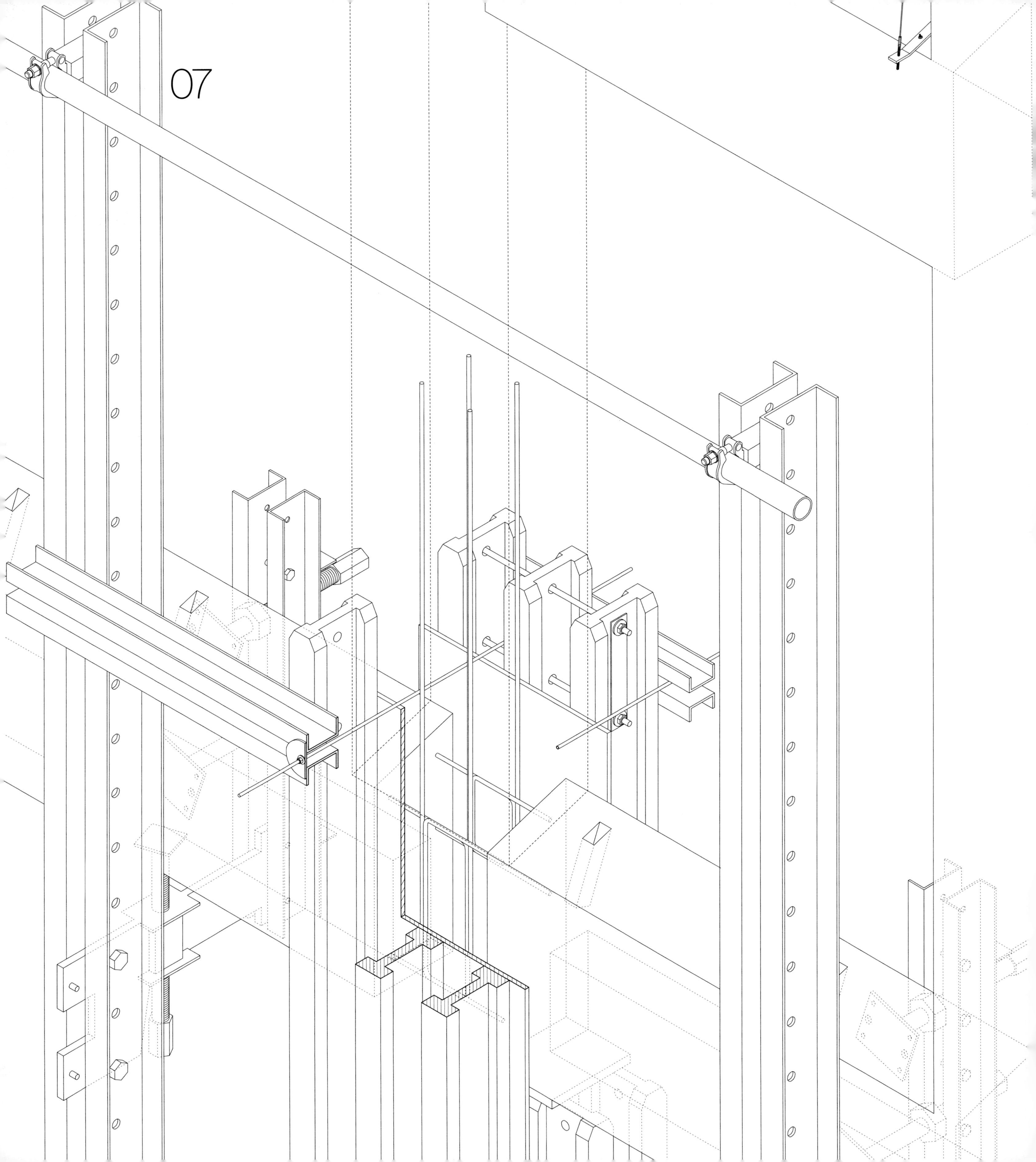
07

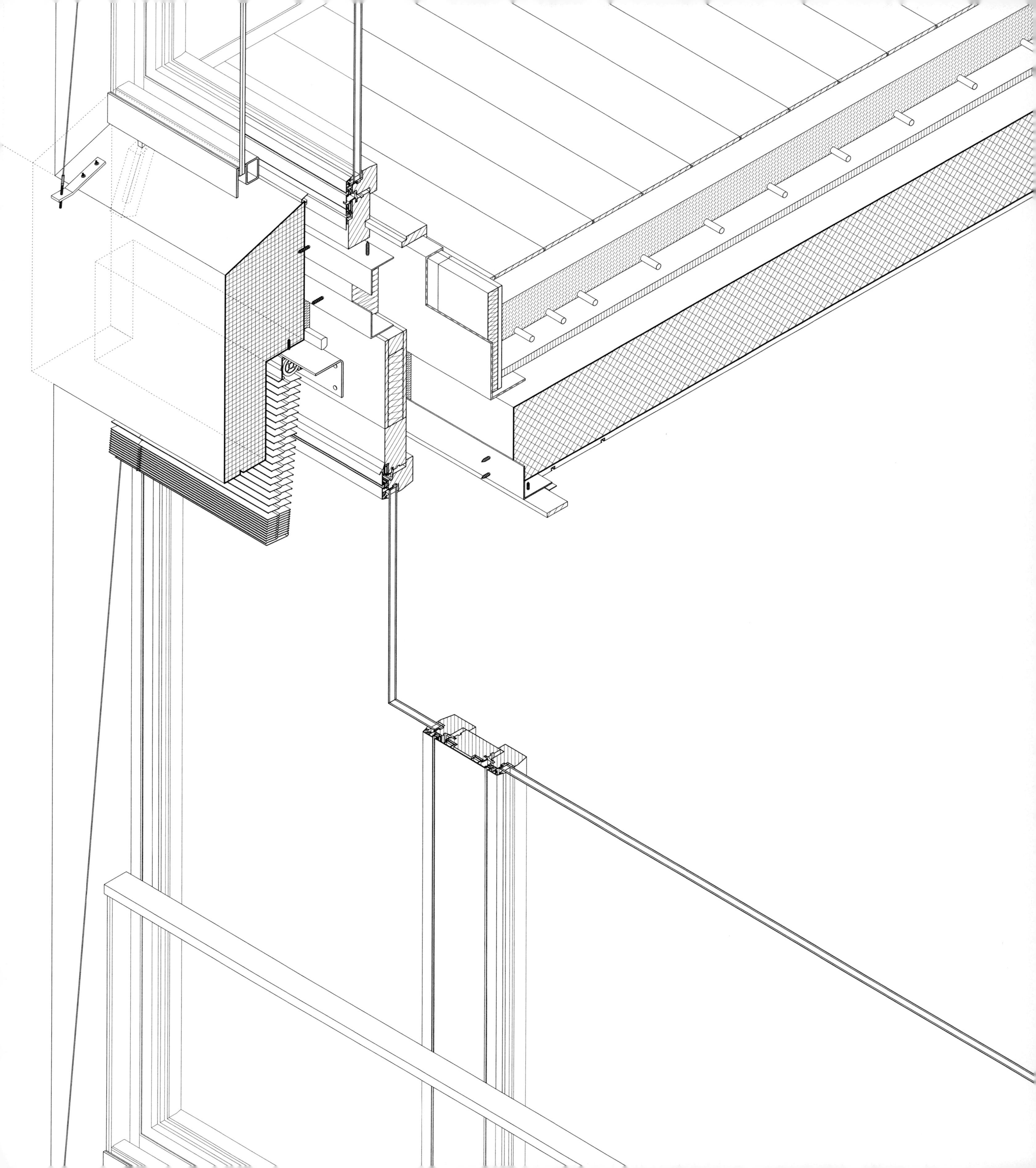

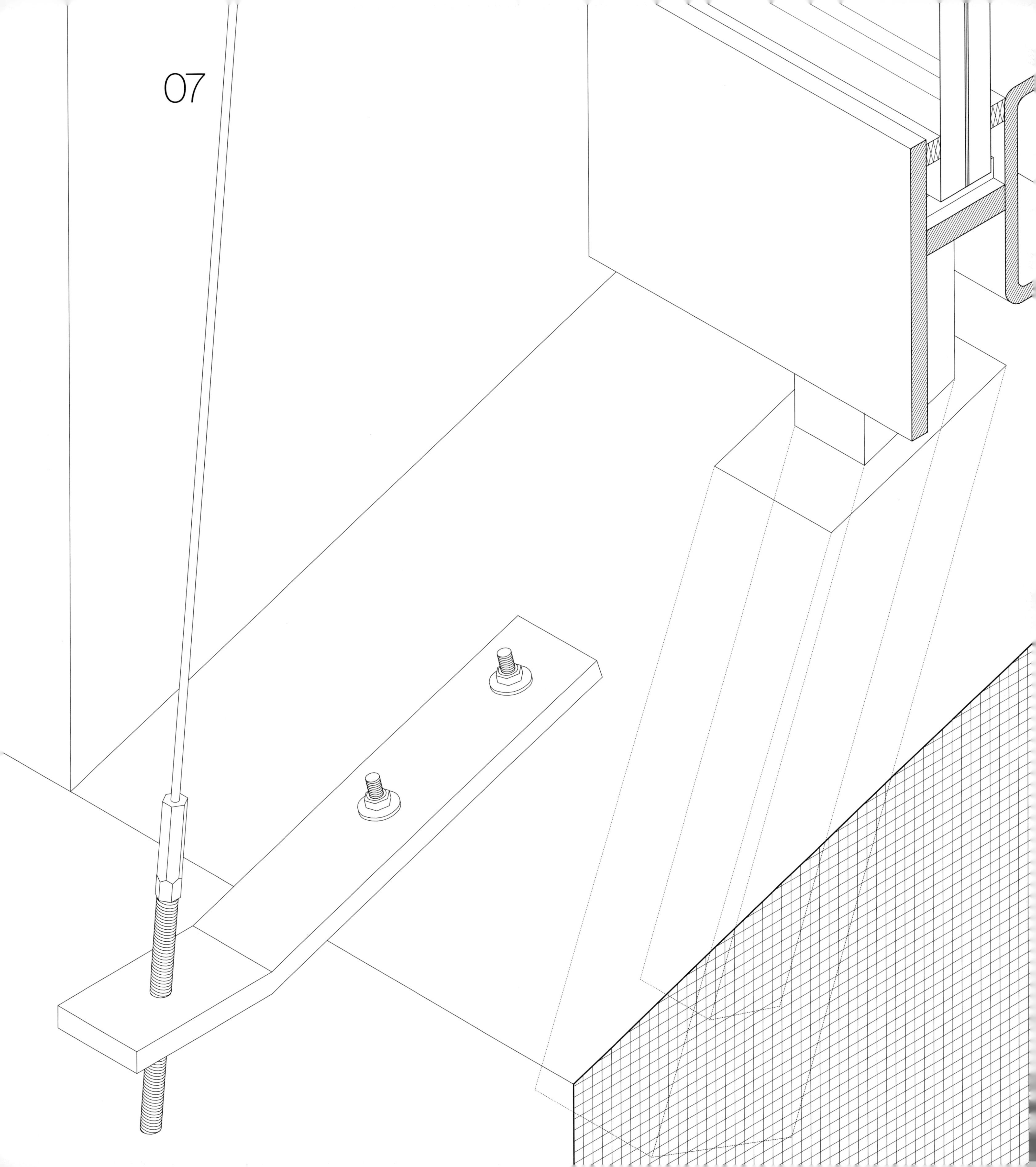
07

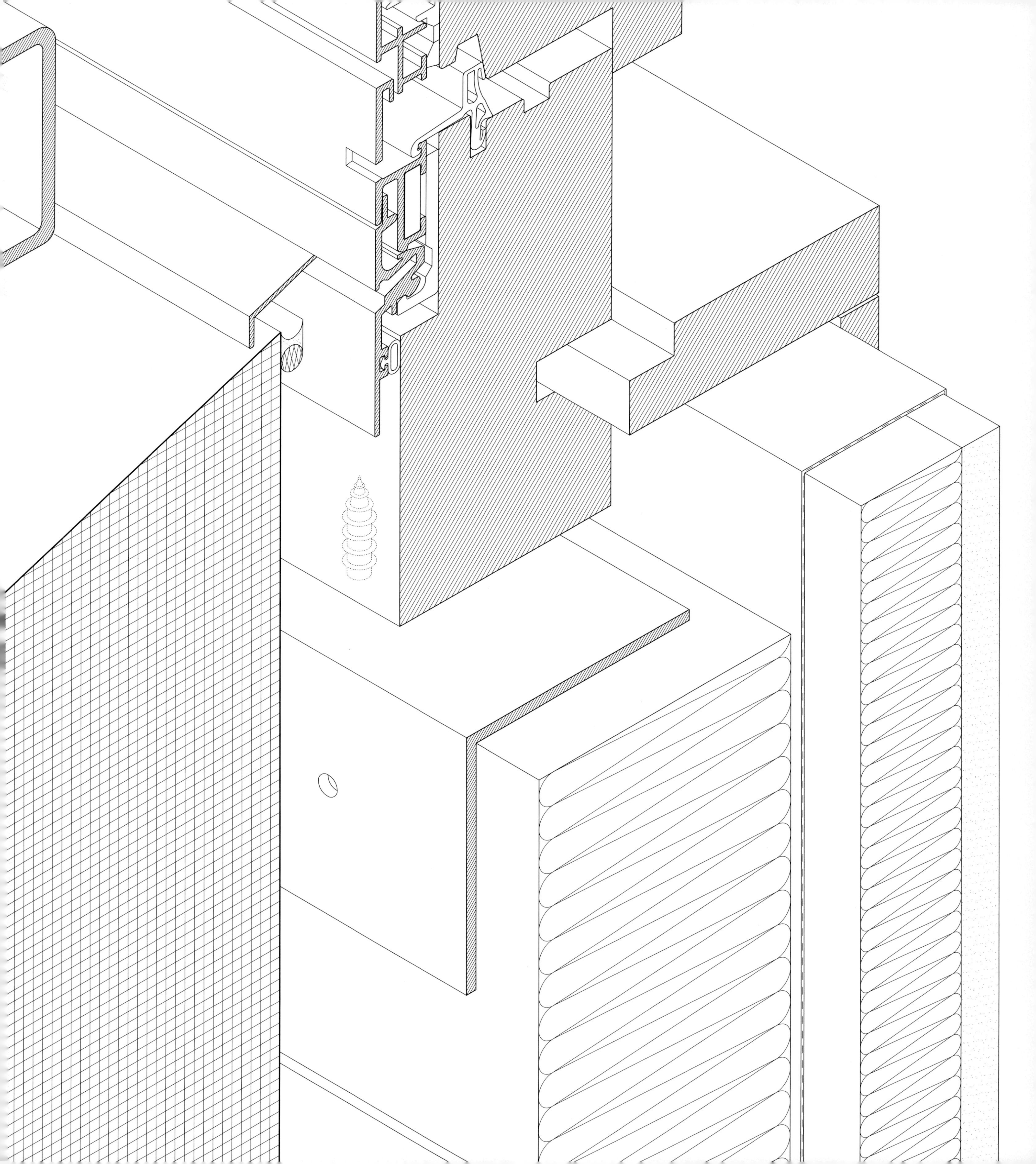

08 MEHRFAMILIENHAUS FORSTERSTRASSE, ZÜRICH CHRISTIAN KEREZ

Ein Stapel aus Betonscheiben und vorgespannten Betondecken bildet gleichzeitig Tragstruktur und Raumfolge des Mehrfamilienhauses. Das Ausloten der integrativen Möglichkeiten des Betonbaus führt mithilfe eines innovativen Tragwerks zu Freiheiten in der Raumbildung. Die monolithische Erscheinung des Betonkörpers entsteht dank einer äußerst präzisen Detailausbildung, welche alle thermisch bedingten Bauteiltrennungen in die Fensterebene legt. Die Metallfenster bilden einen sichtbaren, feinen Rahmen zwischen Boden und Decke, Glasbrüstungen sichern die Balkone. Garten und Tageslicht geben den Innenräumen stets neue, einmalige Gepräge. (dm/ds)

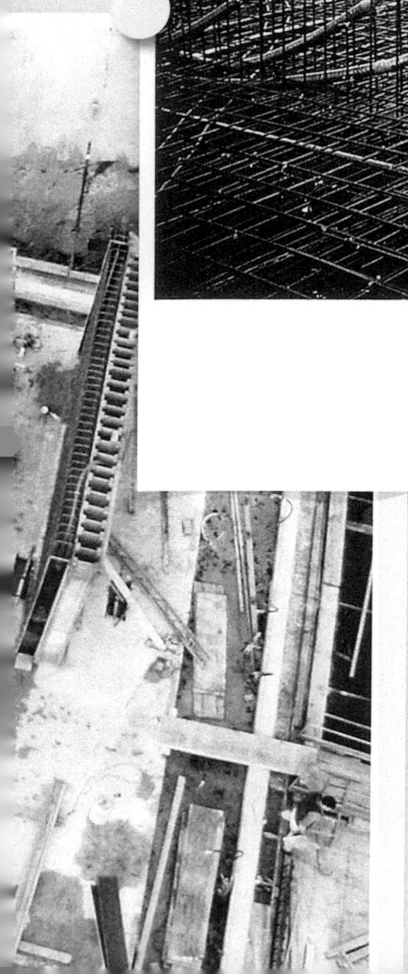

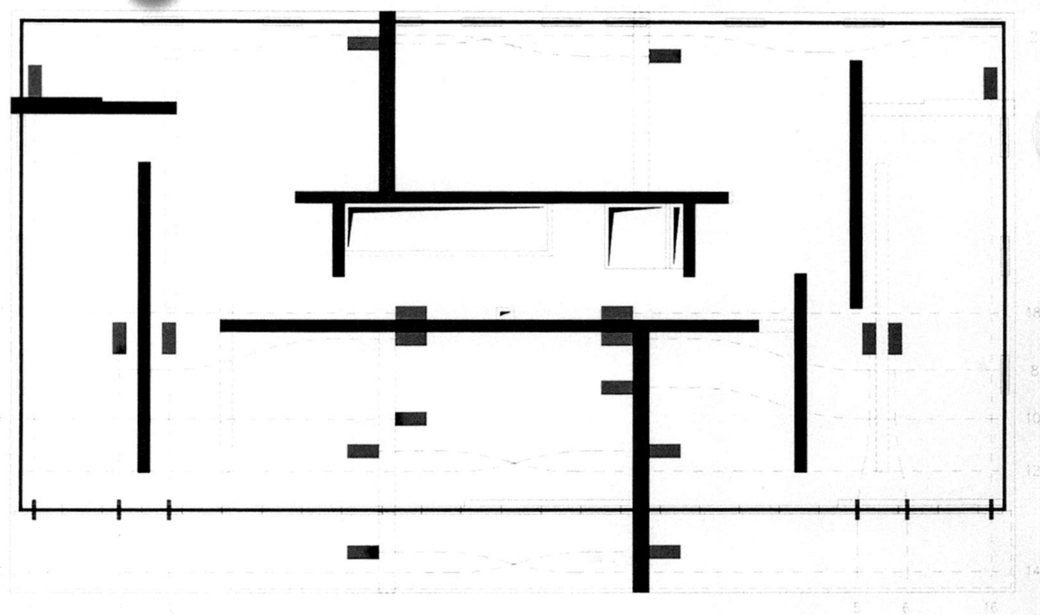

Forsterstrasse
Prestressing the Slab 1st Floor 1: 200

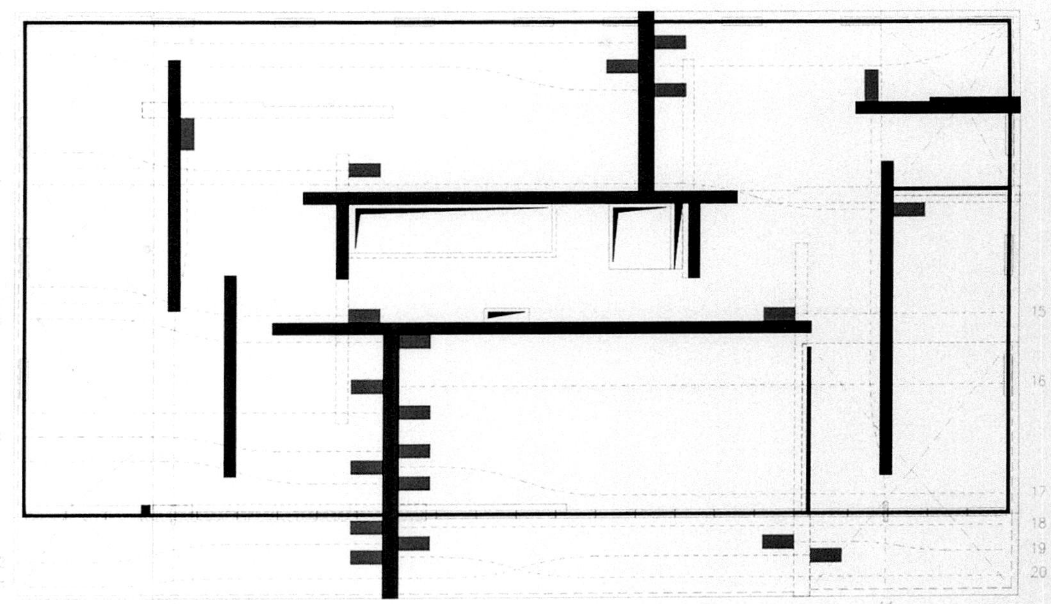

Forsterstrasse
Prestressing the Slab 2nd Floor 1: 200

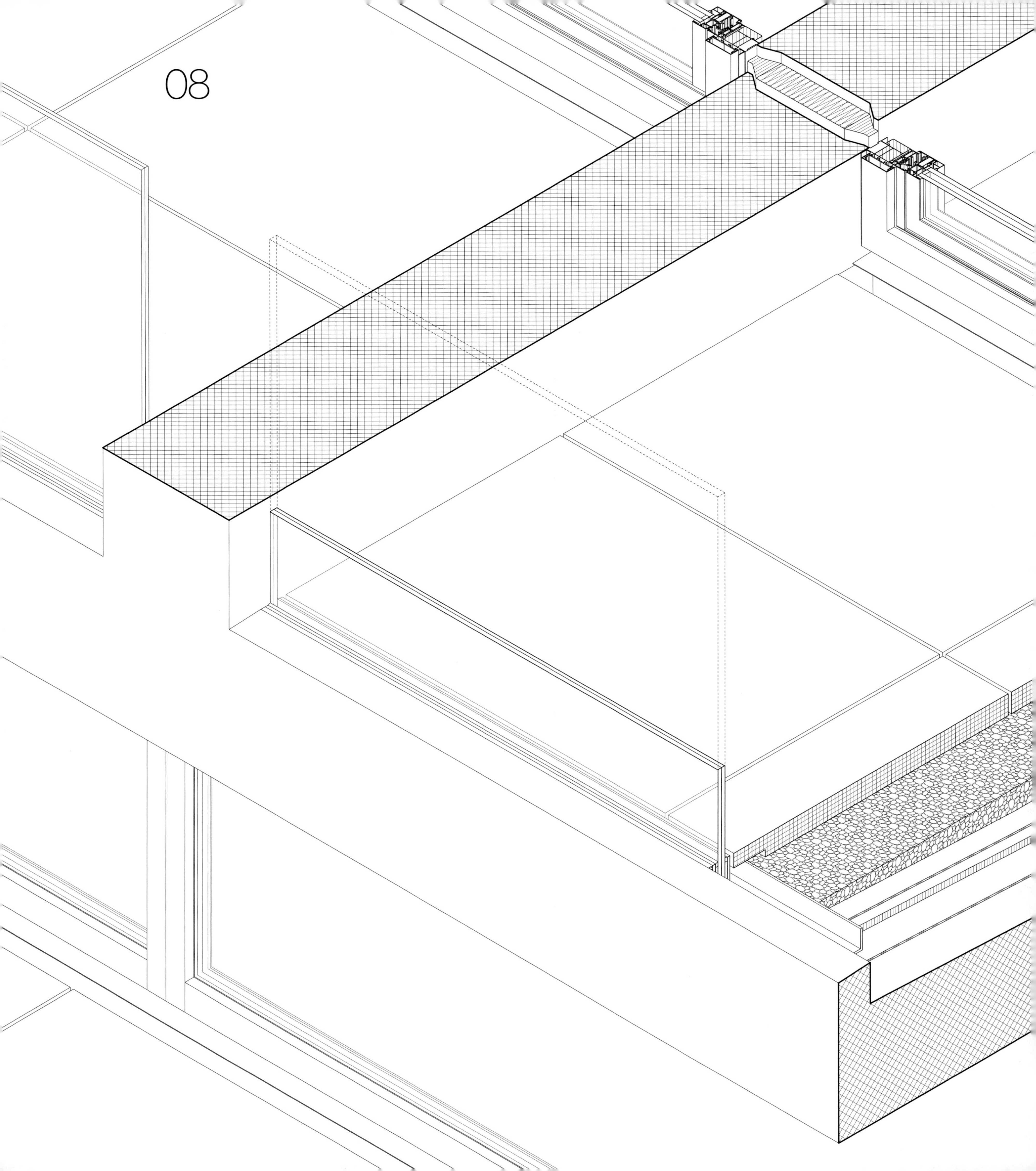
08

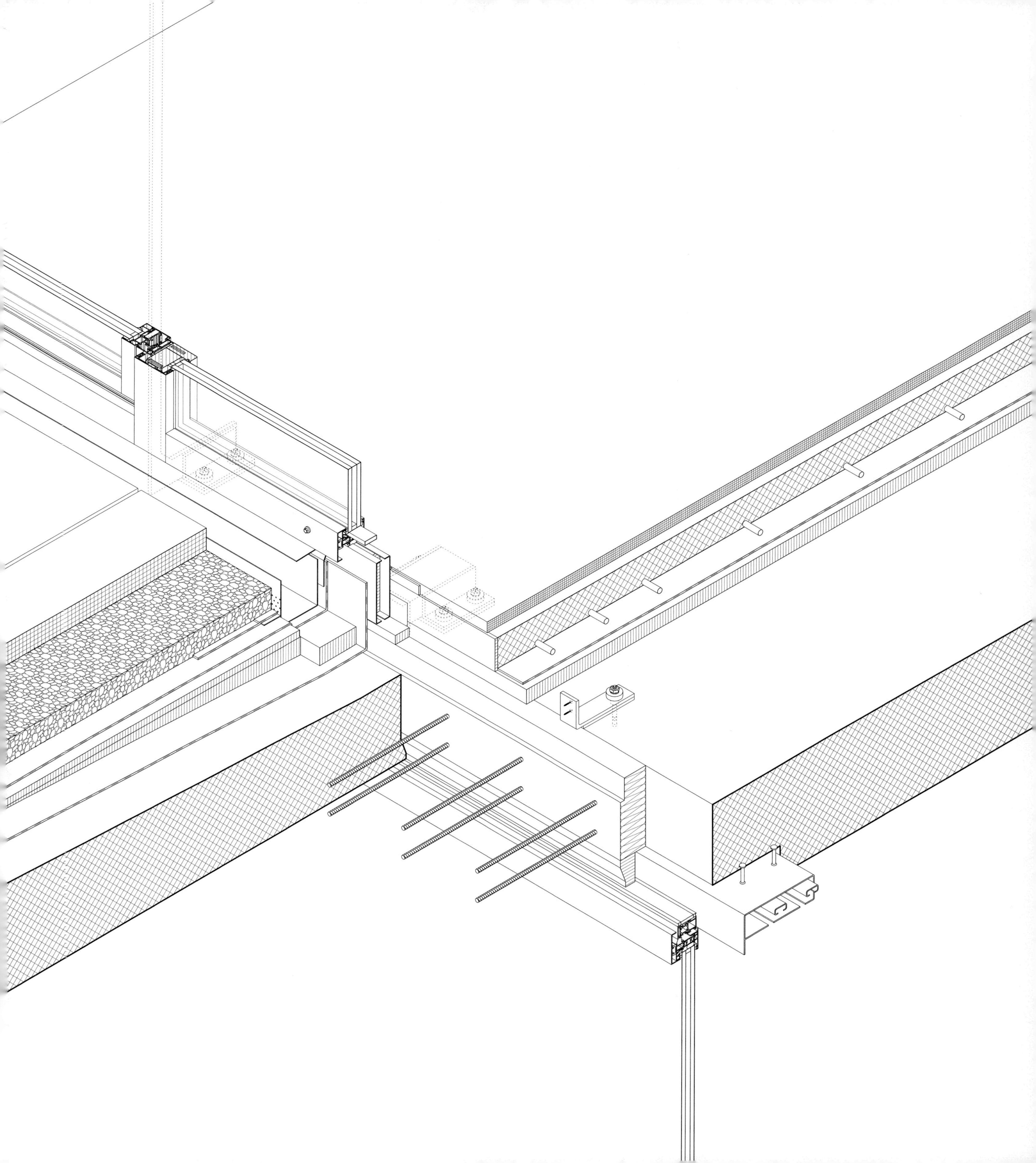

08

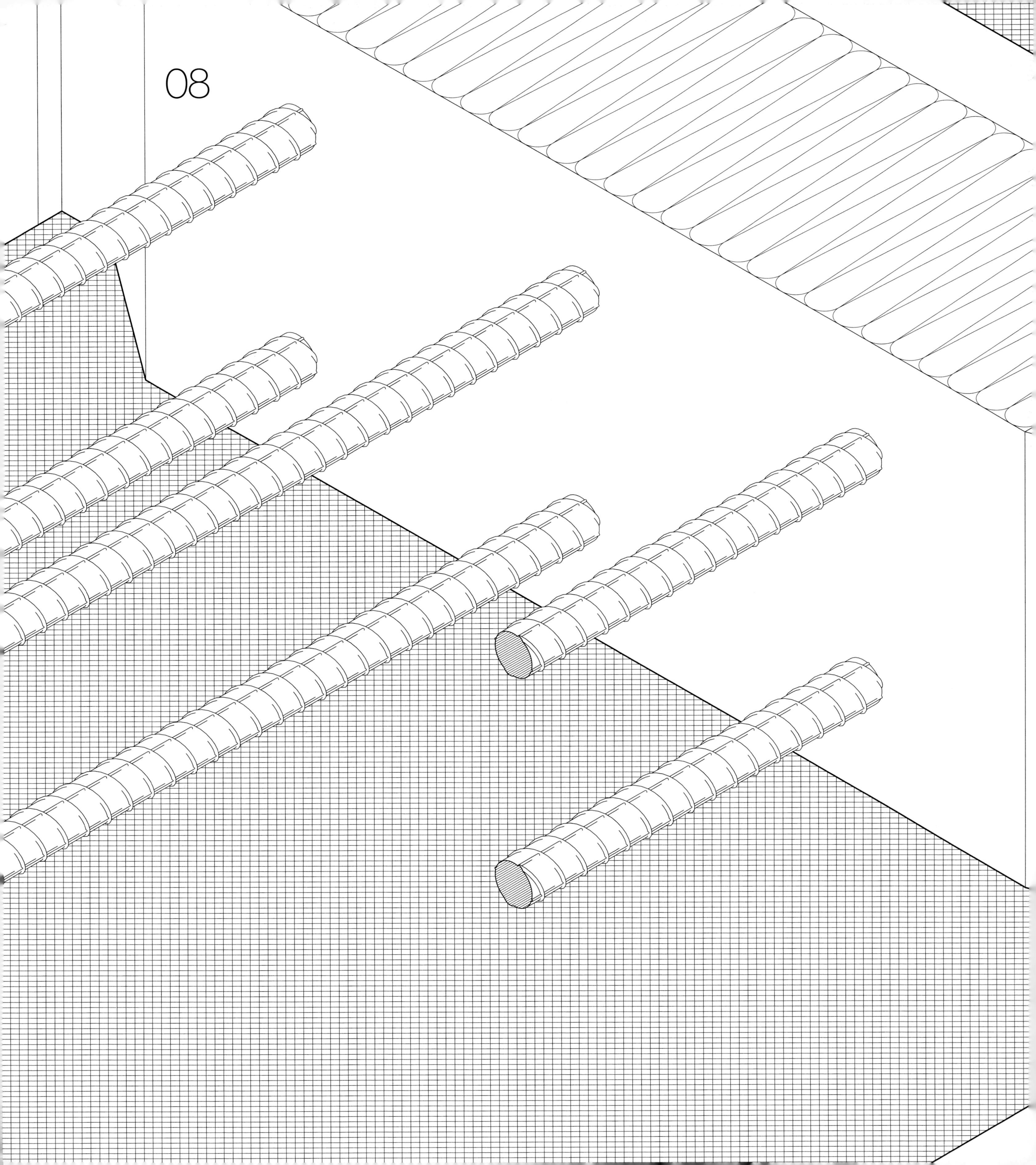

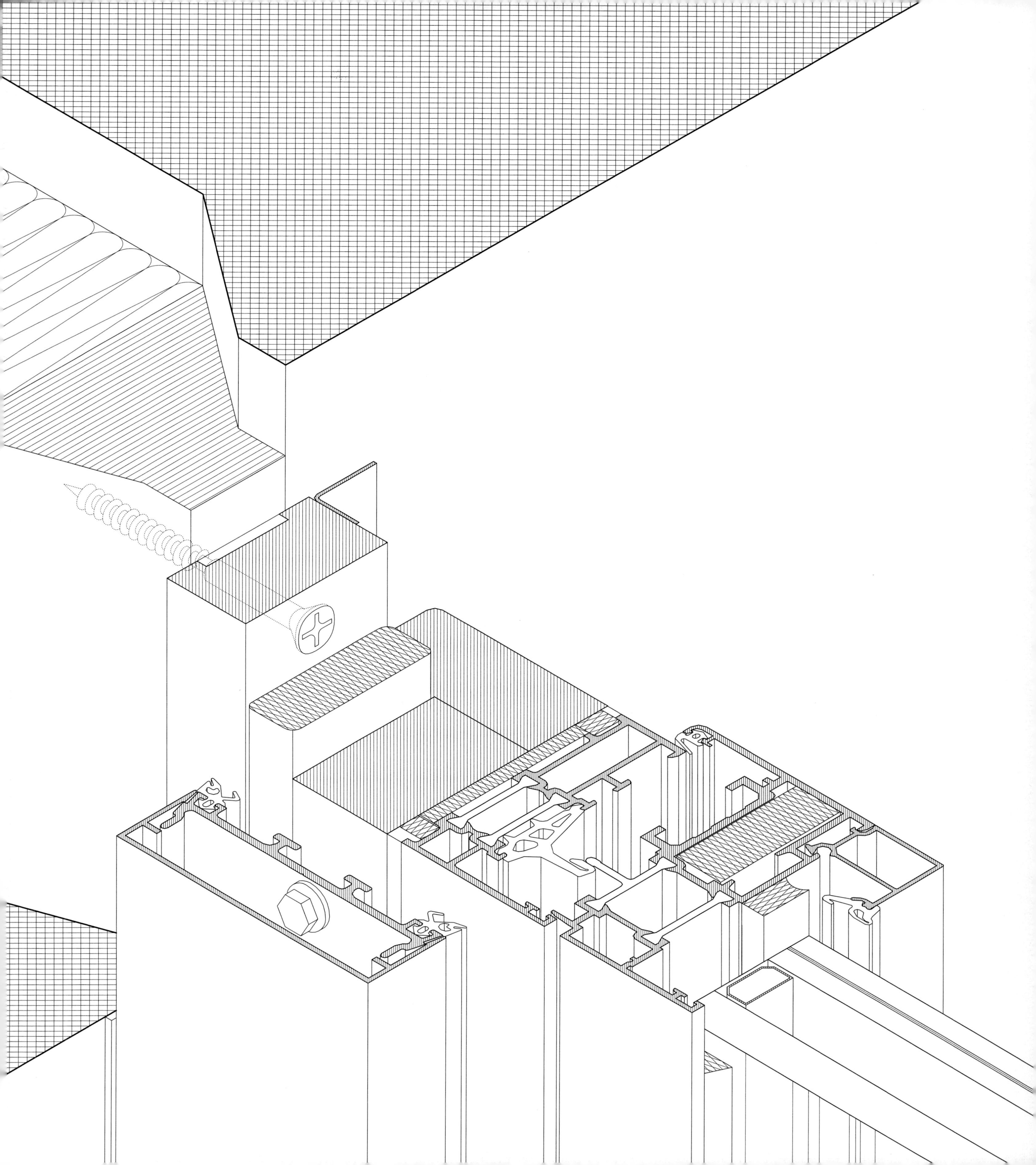

08

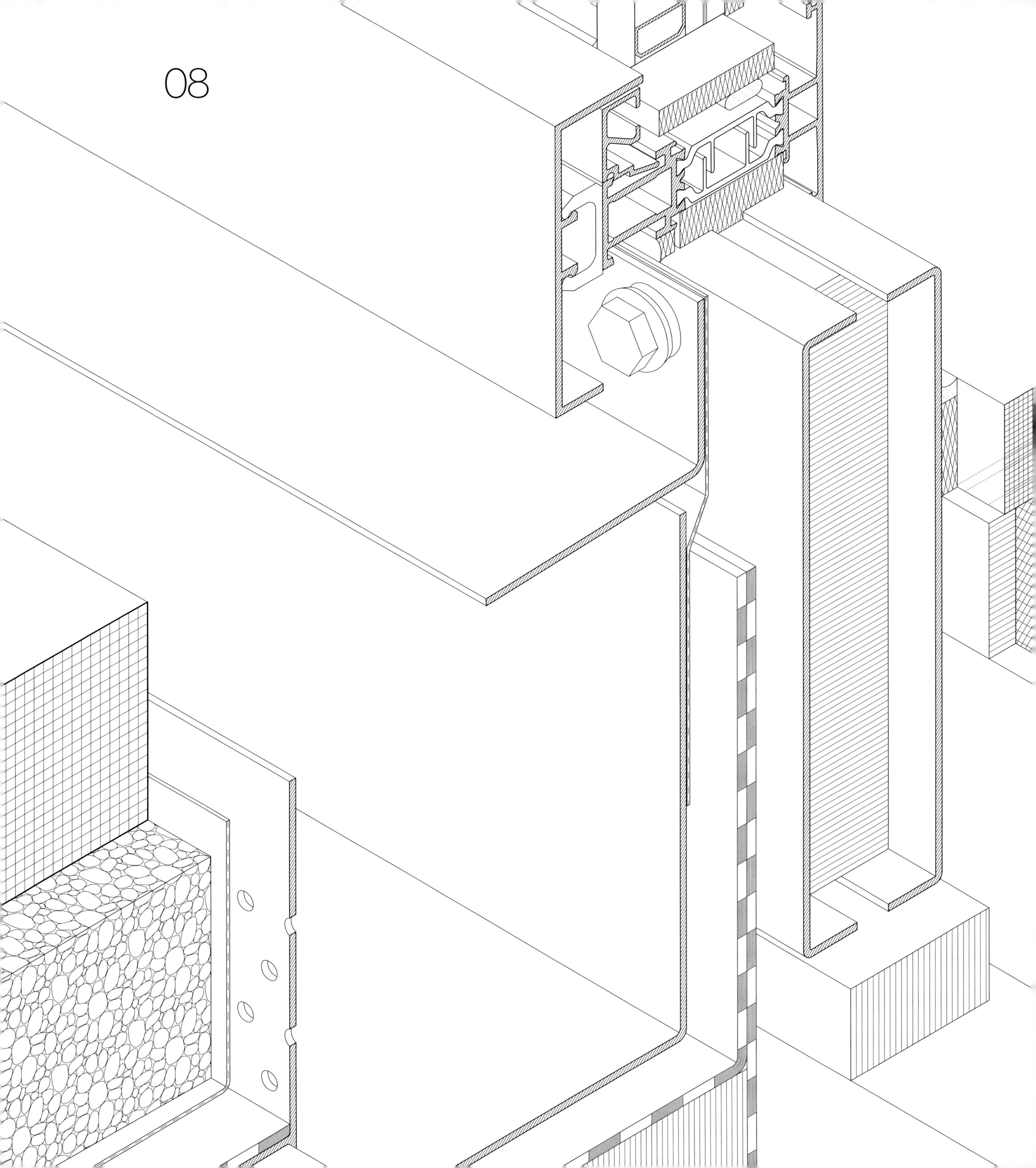

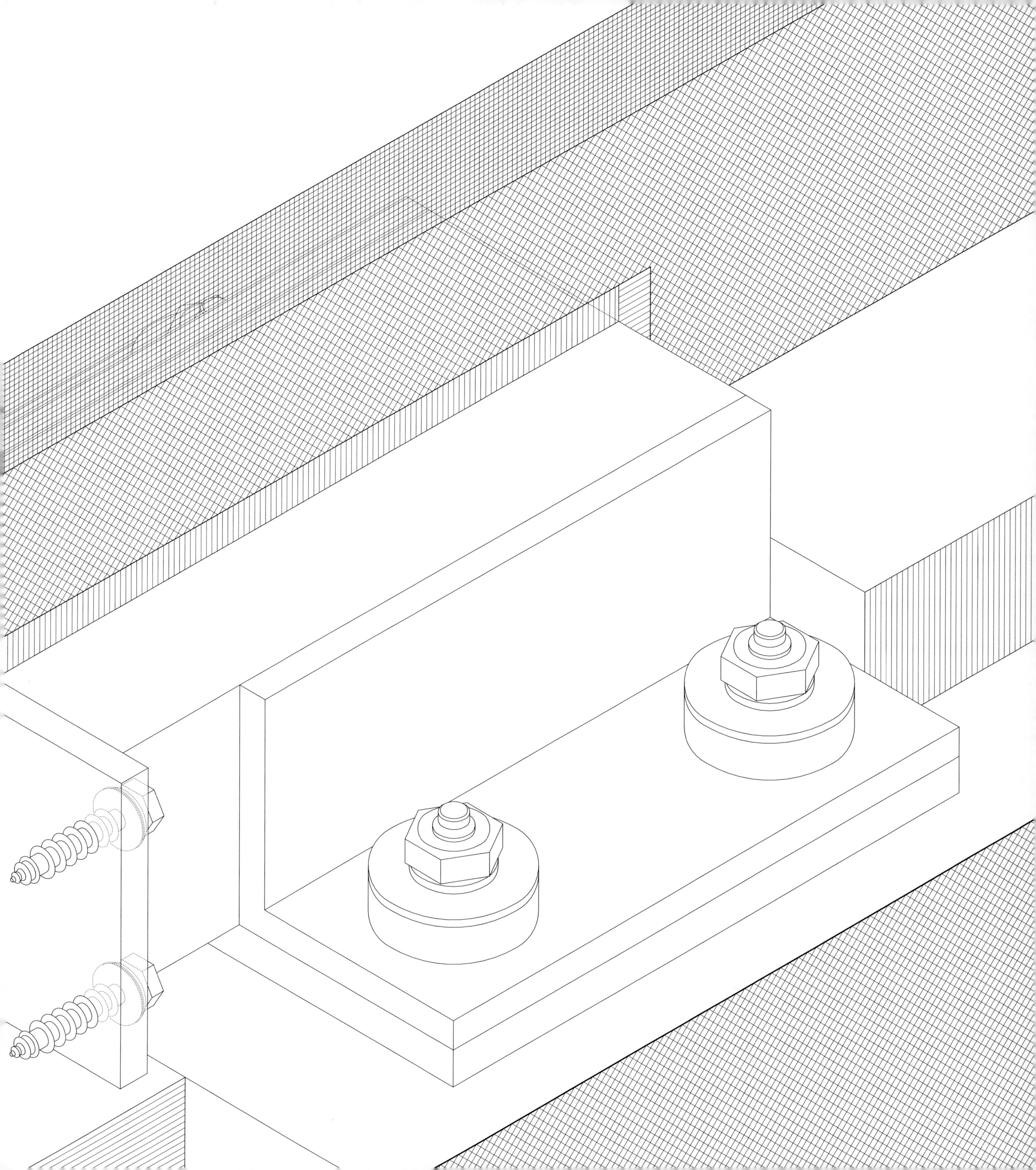

09 WOHNHOCH-HAUS ZÖLLY, ZÜRICH
MEILI & PETER ARCHITEKTEN

Die 950 unterschiedlich plastisch gestalteten Betonelemente bestehen aus einer Vorsatzschale und einer Tragschale mit dazwischenliegender, komplex geformter Foamglasdämmung. Sie sind durch ComBAR-Thermoanker statisch miteinander verbunden. Ihre Vorfertigung erfolgte mittels modifizierbarer Schalungen aus glasfaserverstärktem Kunststoff. Die schweren Elemente wurden nur mit lokalem Baugerüst, am Auslegerkran hängend, von zwei Facharbeitern montiert. Die Innenschale liegt mittels eines Mörtelbetts auf der Geschossdecke. Dank Metalllaschen unten und Anschlussplatten oben sind die Elemente fixiert. Vor dem Versetzen unsichtbar in die Elementüberlappungen und Fugen eingelegte Seidenzöpfe und Kompribänder gewährleisten die Dichtigkeit der Fassade. (bm)

09

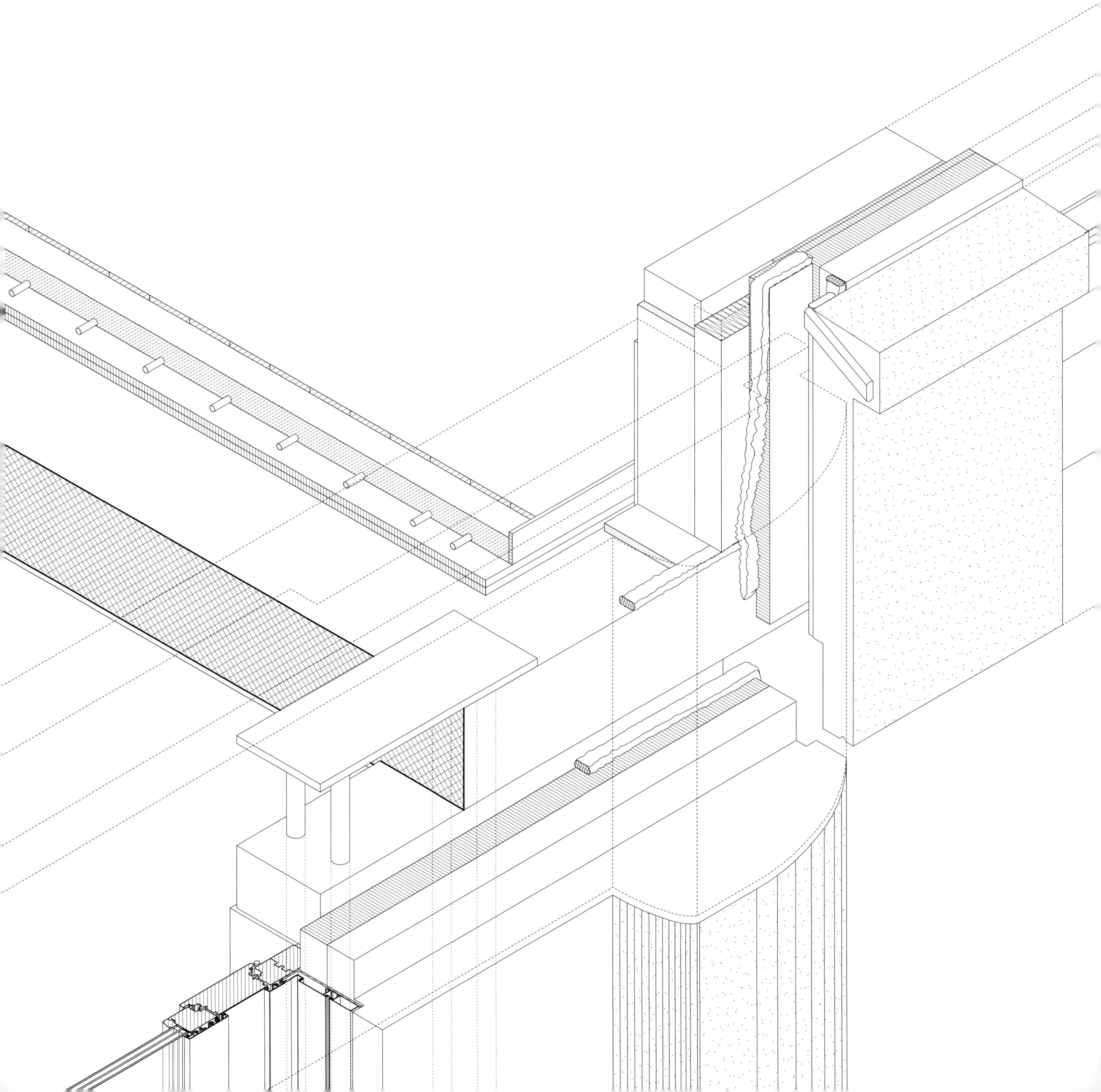

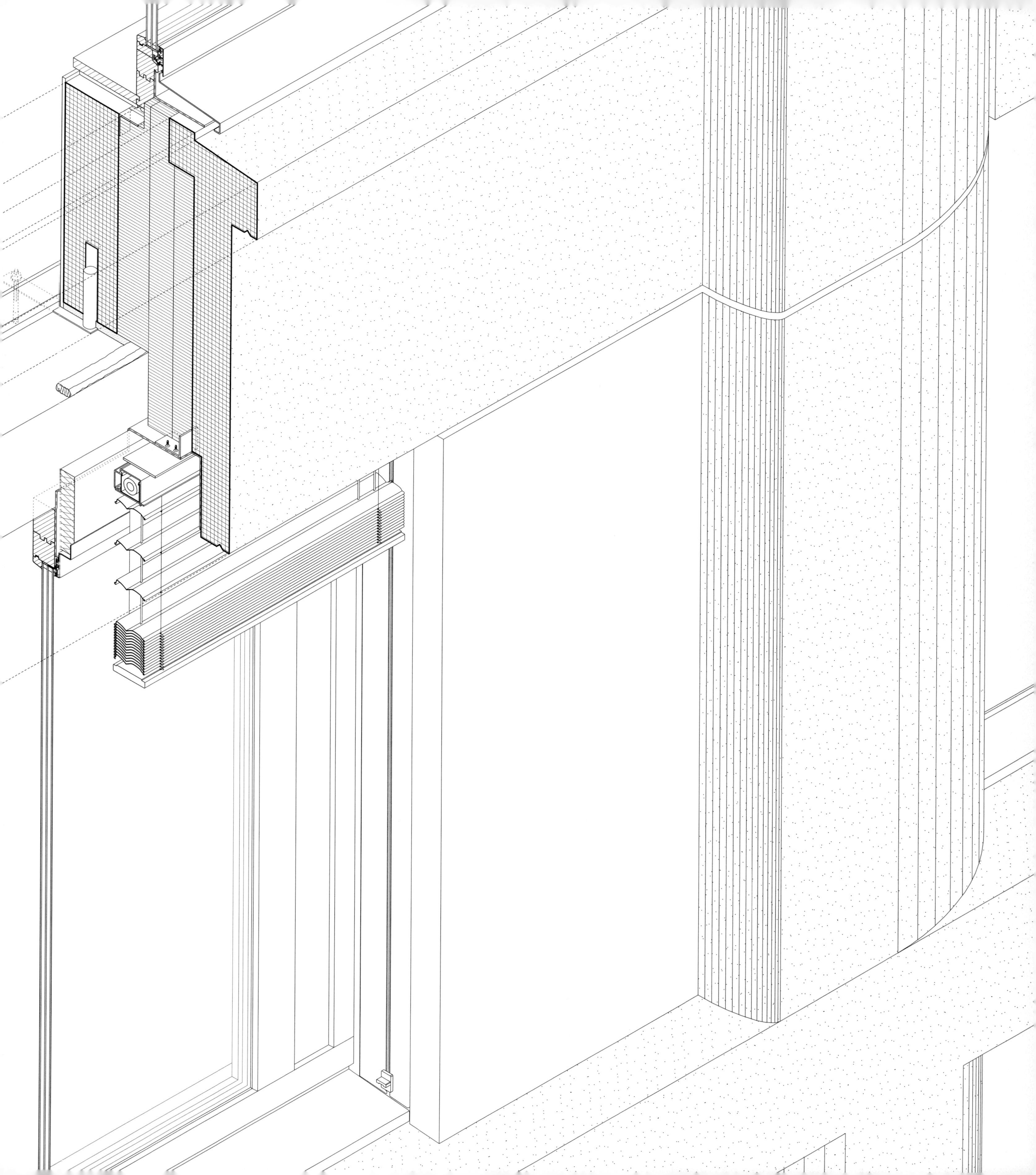

10 HAUS MIT ZWEI STÜTZEN, WILEN

ATELIER SCHEIDEGGER KELLER

Zwei Y-förmige Ortbetonstützen bilden mit den Dachunterzügen ein statisch wirksames Stabwerk. Zur Vermeidung von Lufteinschlüssen wurde der Beton mit hohem Druck von unten in die Stützenschalung gepumpt. Die Intarsien zwischen den Unterzügen sind vorgefertigte Betonelemente, welche auf die Schalung gelegt und mit den Unterzügen zusammen betoniert wurden. Der außen gedämmte Dachaufbau reduziert sich am thermisch abgetrennten Betondachrand konisch auf ein Minimum, um einen scharfkantigen, nichtvolumetrischen Abschluss zu bilden. Die Regenrinne ist konsequenterweise zurückversetzt und präzise in die rautenförmige Kupfereindeckung integriert. (im)

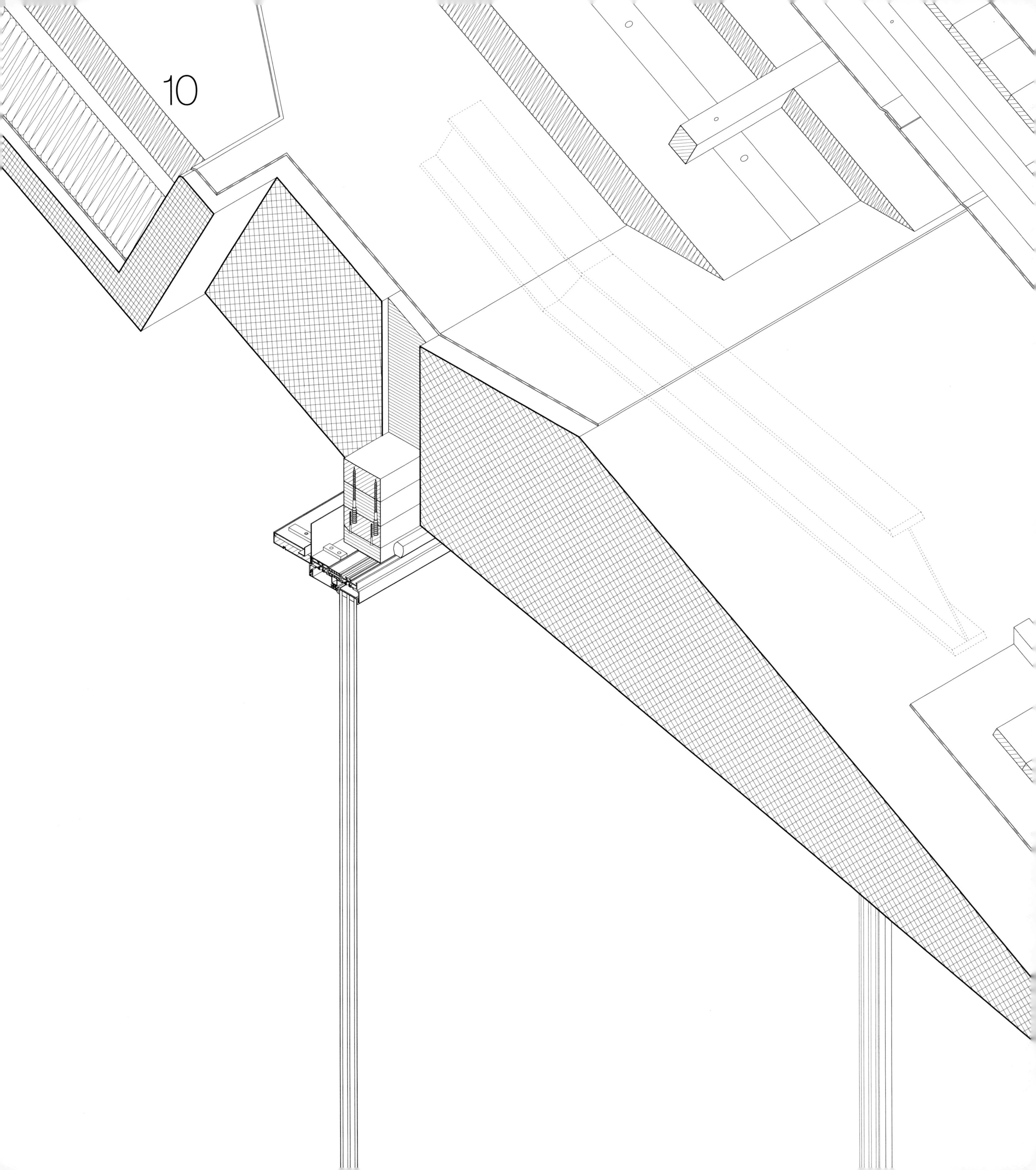
10

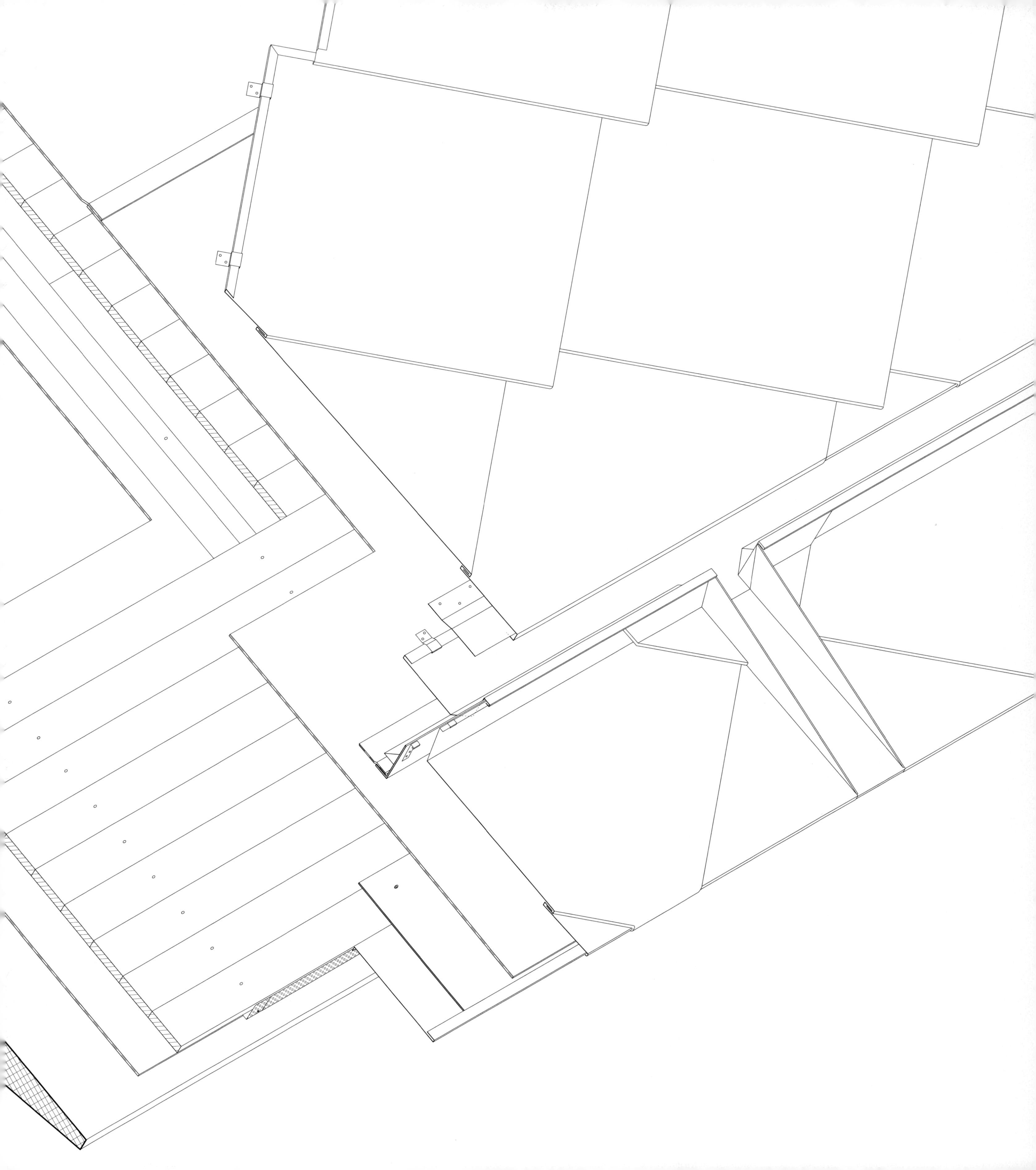

11 ERWEITERUNG LANDESMUSEUM, ZÜRICH CHRIST & GANTENBEIN

Die Rundfenster wirken wie aus der Tuff-Beton-Wand gestanzte Löcher. Die beidseitige Sichtbetonkonstruktion ist als zweischaliges Wandsystem mit Kerndämmung ausgebildet. Inwendig wurde die runde Öffnung konventionell geschalt. Die äußere Laibung darf aufgrund der Wetterexposition keine Luftporeneinschlüsse oder angeschnittene Armierung aufweisen. Die Öffnung in der Außenschale ist deshalb passgenau zum inneren Loch gebohrt. Die segmentierten Fensterprofile sind an der äußeren Schale angeschlagen und zu einem Kreisrahmen zusammengesetzt. Die Isolierverglasung ist an diesen Profilen verdeckt befestigt. (ck)

11

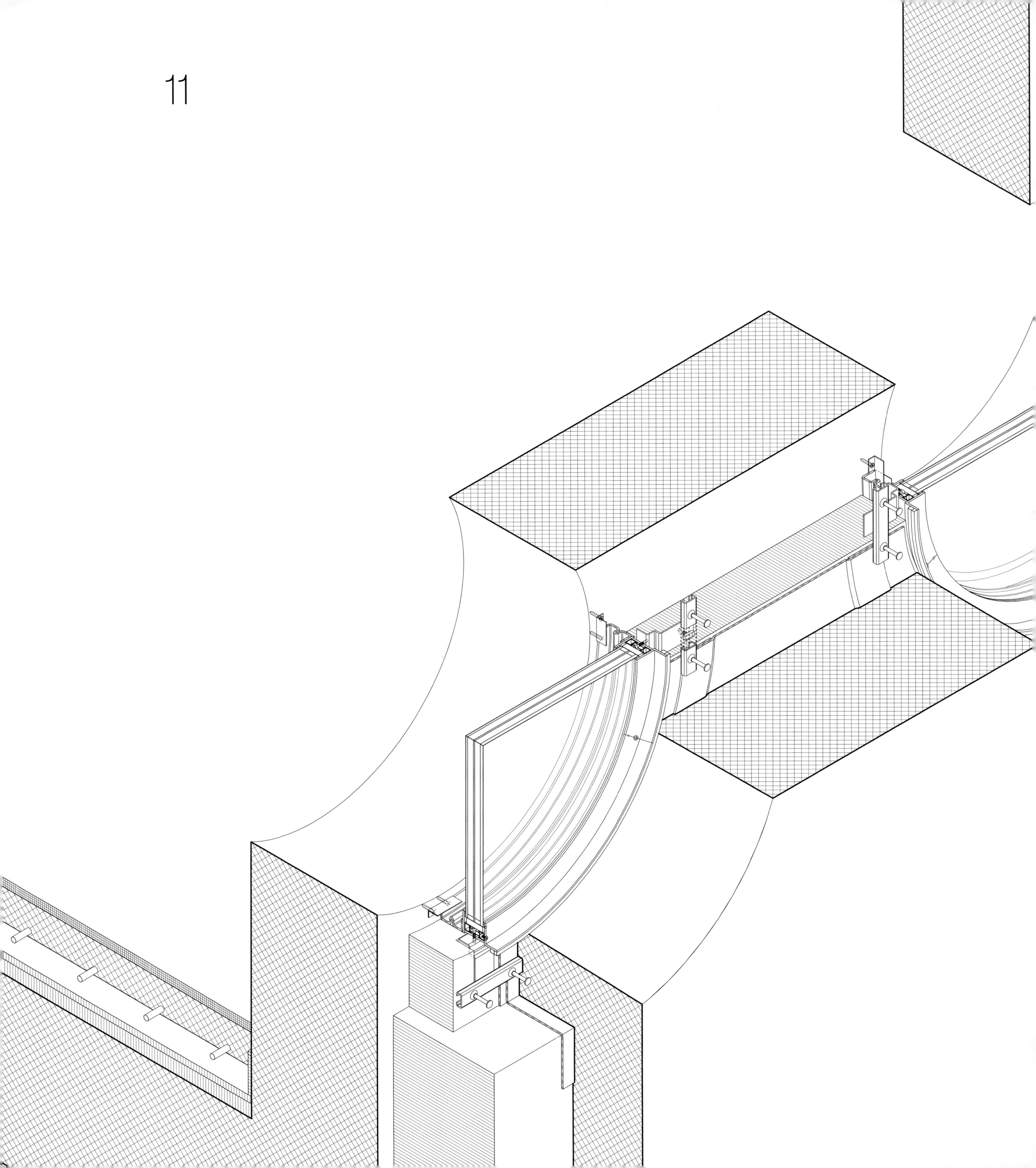

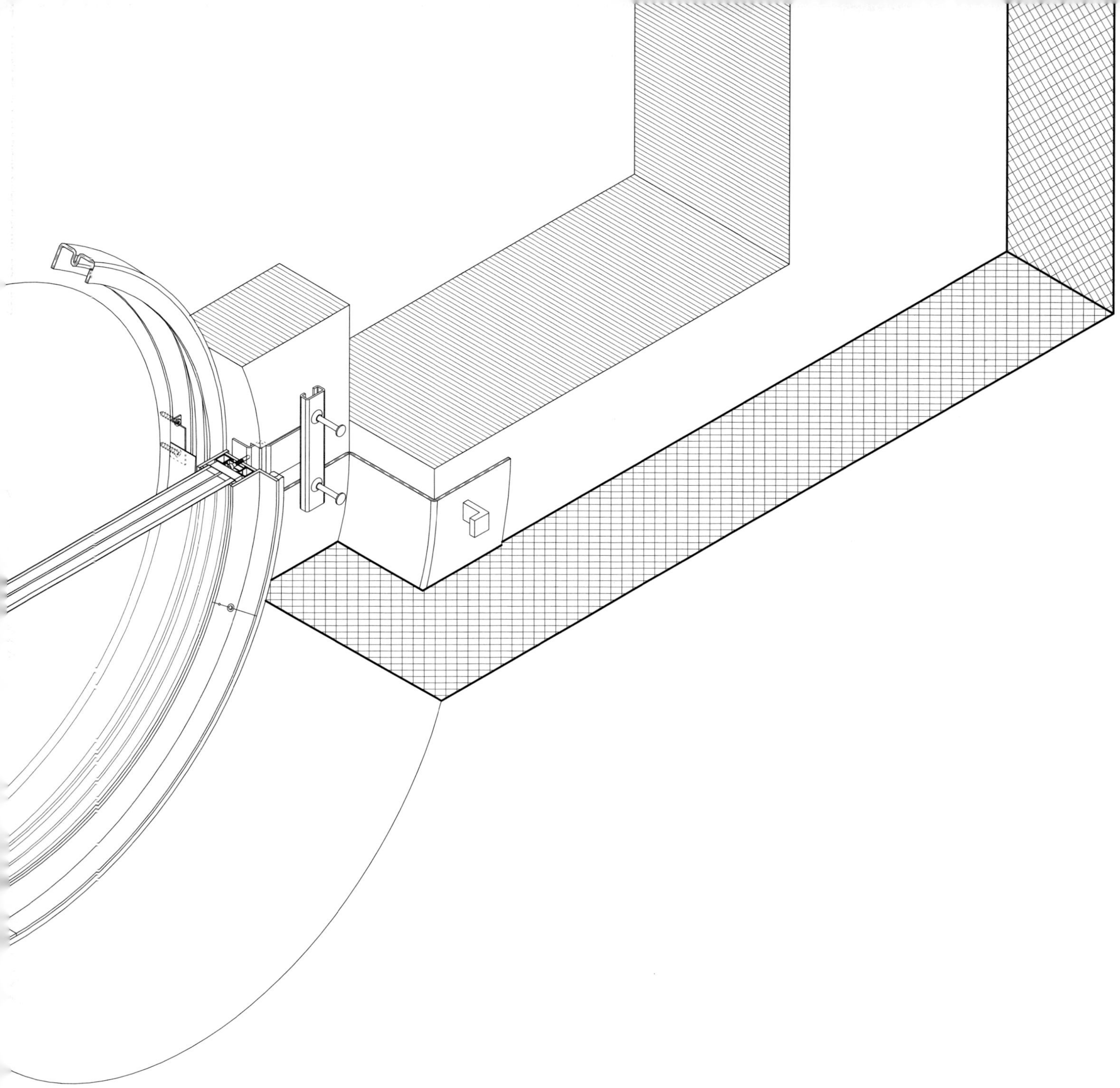

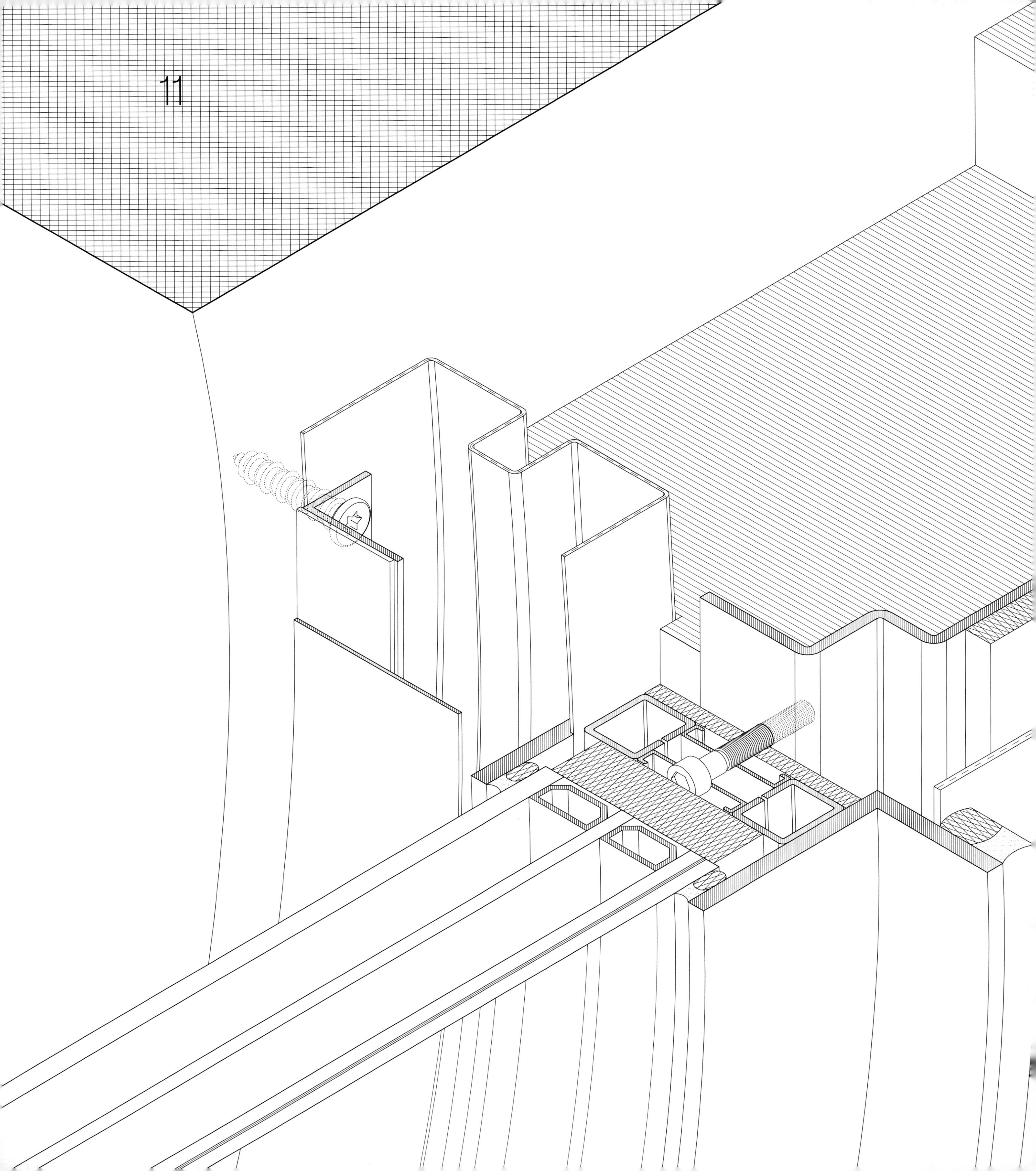
11

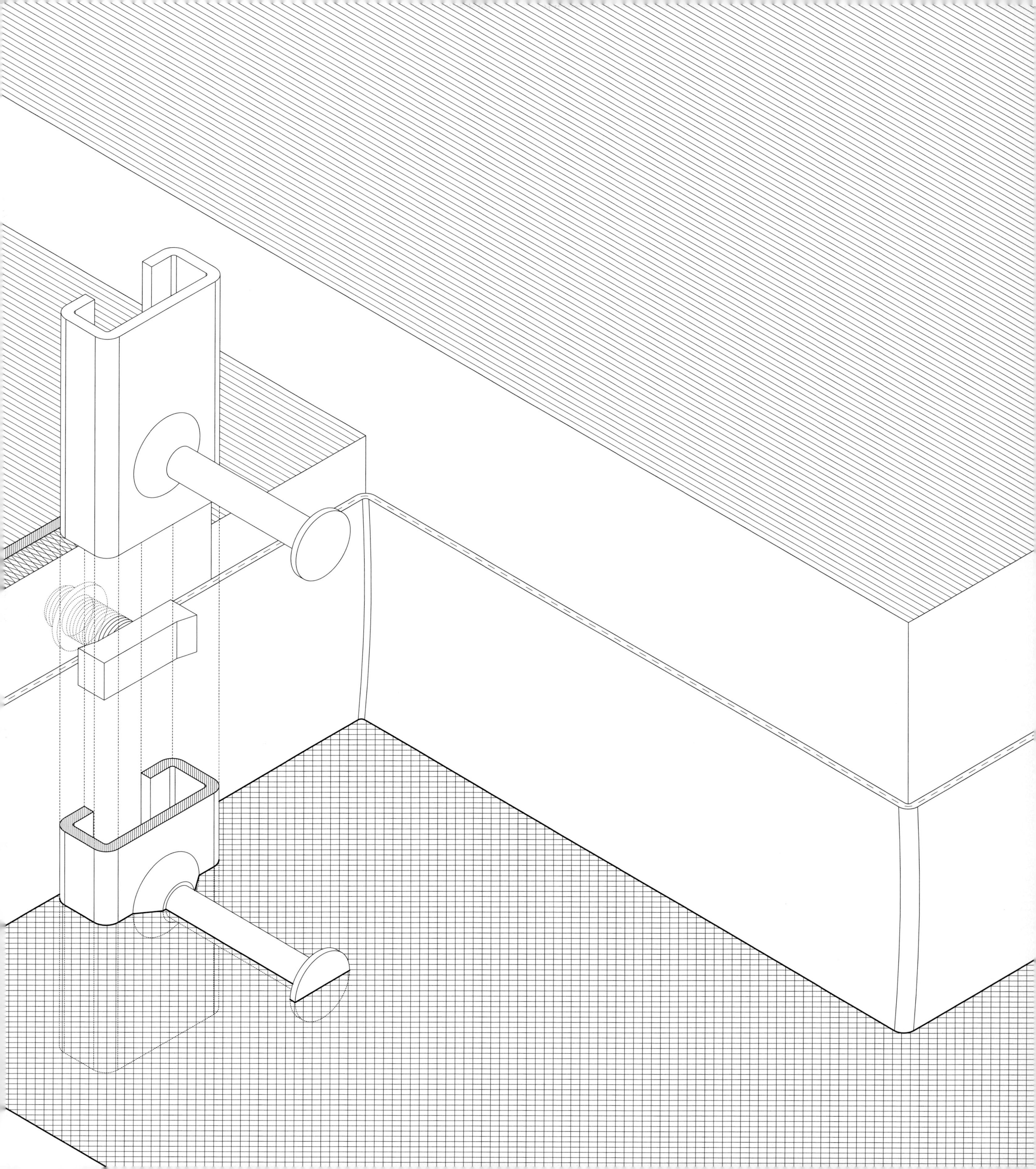

12 FIRMENNEUBAU SYNTHES, ZUCHWIL

STUDIO MÄRKLI

Landschaftlich dimensionierter, vielfältig nutzbarer Baukörper durch ein weit gespanntes Tragwerk in Mischbauweise. Verbunddecken aus Pi-Platten ruhen auf Unterzügen. Diese sind aus Ortbeton an der Fassade, vorgefertigt im Inneren. Stahlstützen und Betonkerne tragen und steifen das Gebäude aus und schaffen stützenfreie Räume. Die Pfosten-Riegel-Metallfassade aus Edelstahl ist mit vorgestellten, selbsttragenden Betonelementen verblendet. Die minutiöse Detaillierung thematisiert das Fügen von Einzelteilen zu einem konsistenten Ganzen. (dm/ds)

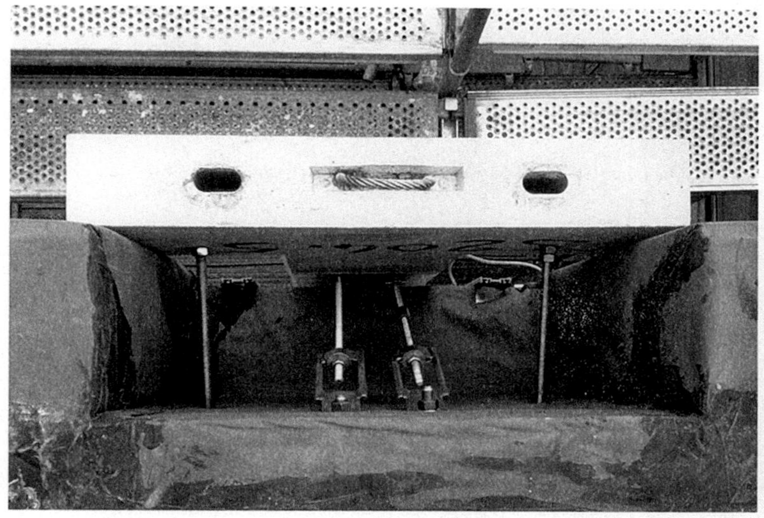

Querschnitt Rippenplatte 3.OG 1:20

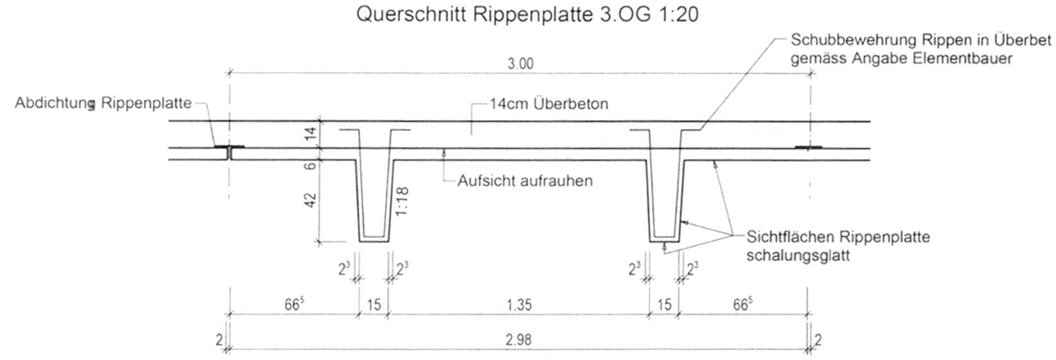

Untersicht Rippenplatte 3.OG 1:50

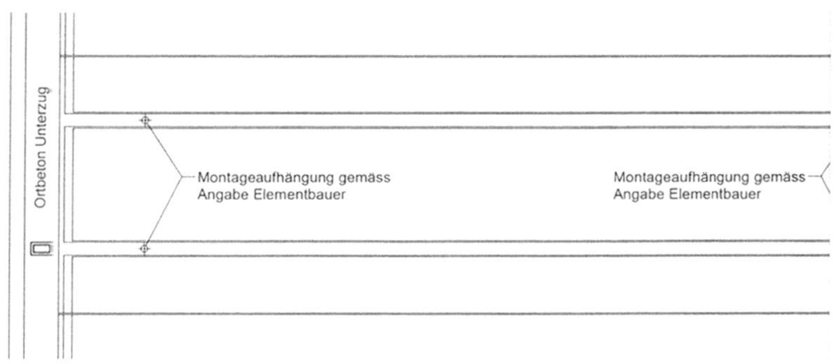

Längsschnitt Rippenplatte 3.OG 1:50
Md = 835 kNm
Mser = 615 kNm

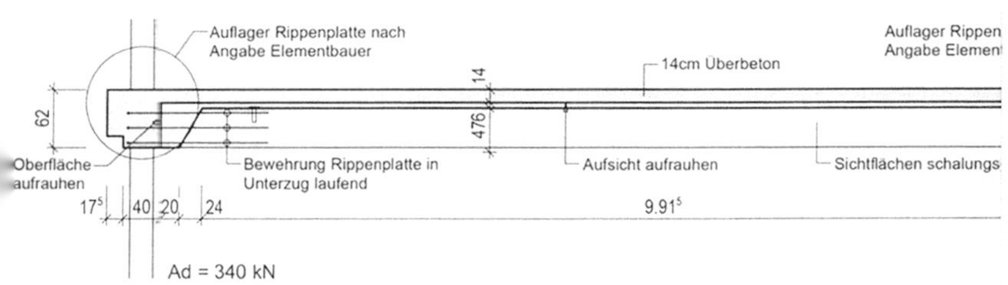

12

20 m hohe, 168 m lange Arkaden aus vorgefertigten Betonelementen vermitteln an beiden Längsseiten zwischen Gebäude und Landschaft. Ihre vorgespannten Pfeiler stützen mit Dietfurter Kalkstein verblendete Brüstungsbalken, und diese tragen das Arkadendach aus einem Verbund von Betonelementen und Ortbeton. Eine aufwendige Schalungsarbeit an exponierter Lage wurde damit unnötig. Vertikale Profilierungen der Brüstungsverkleidung gliedern die Attika und zeichnen die Bewegungsfugen der Tragstruktur aus. Die konstruktive Logik mündet in einem präzisen architektonischen Ausdruck. (dm/ds)

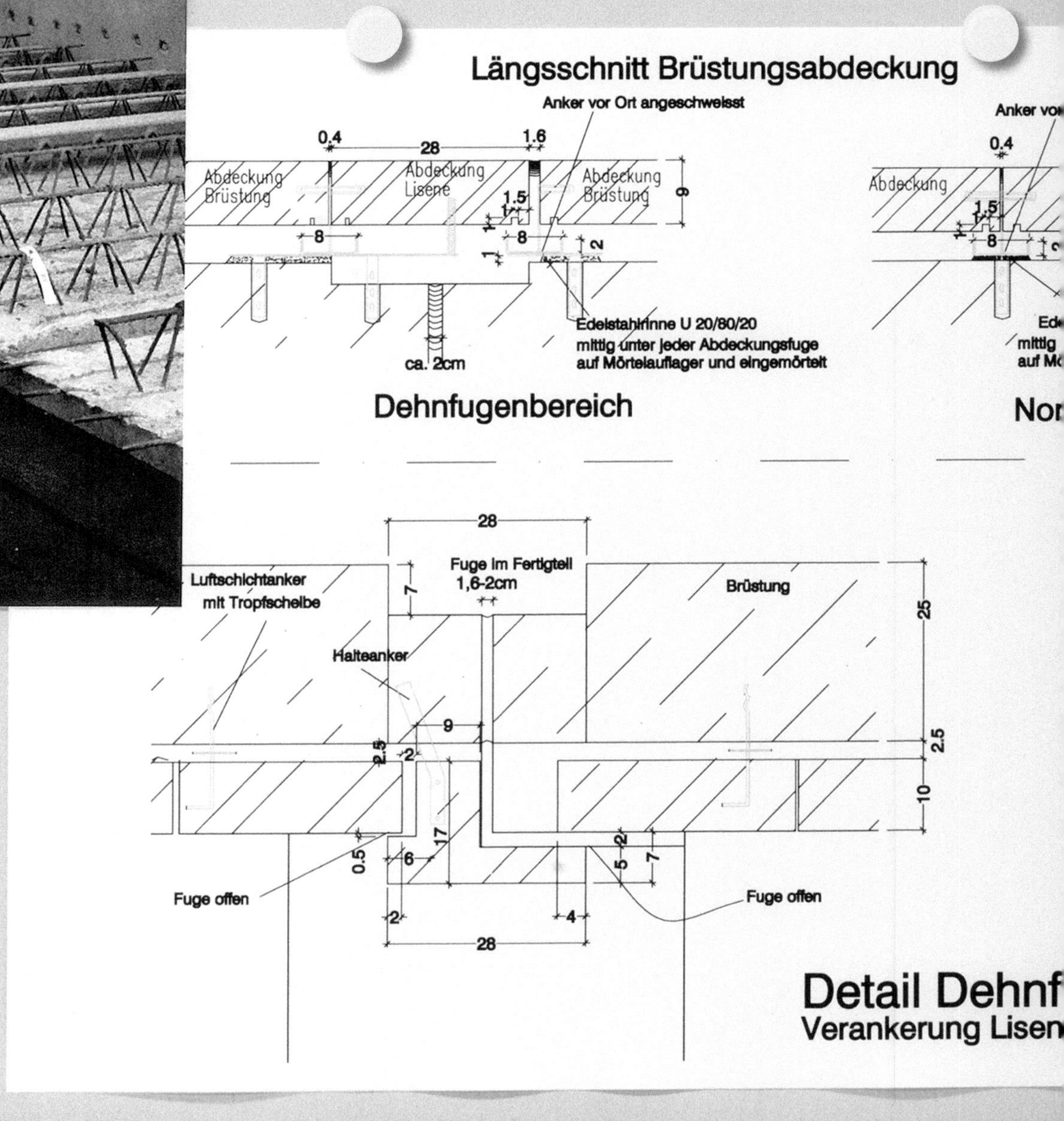

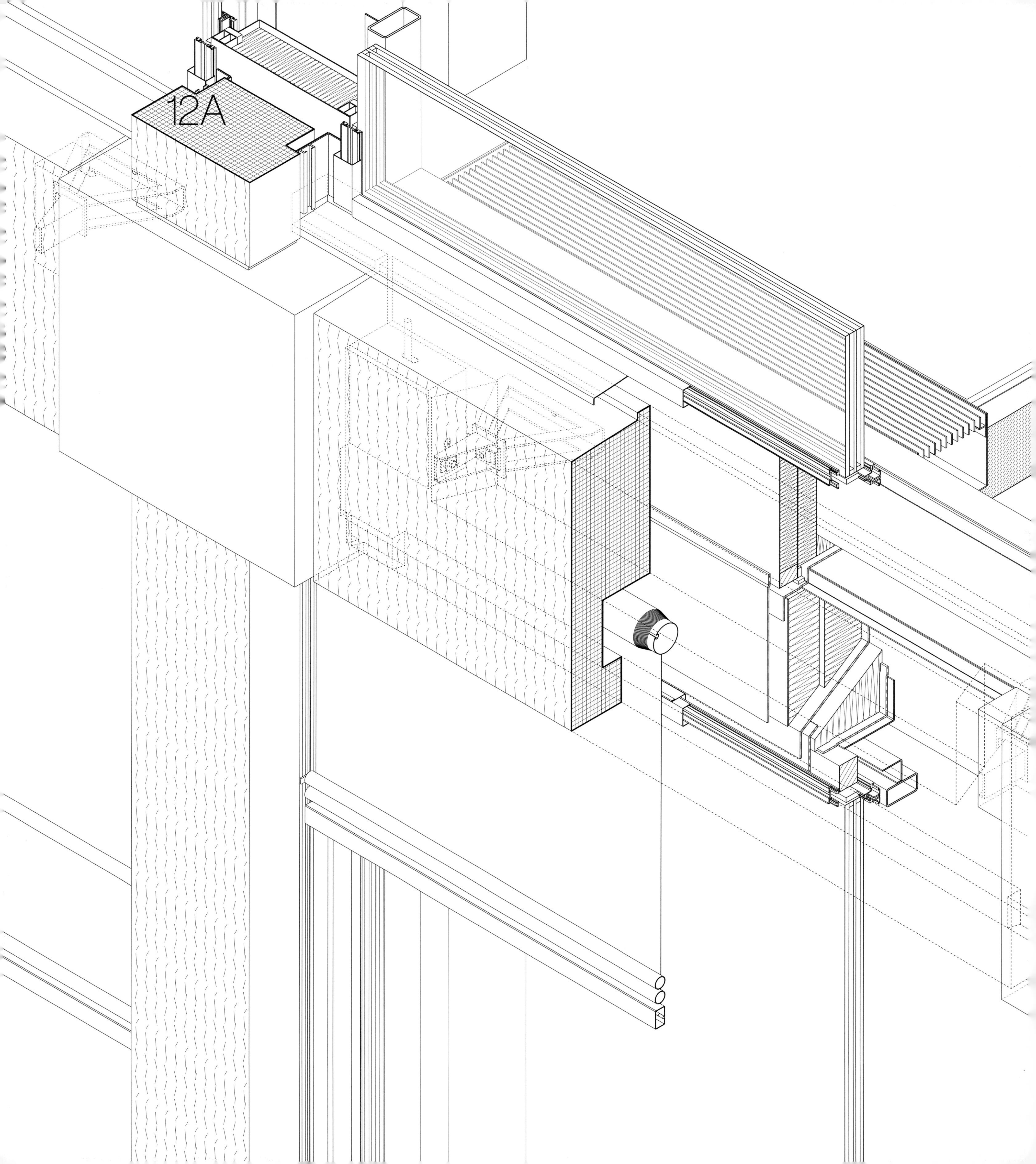
12A

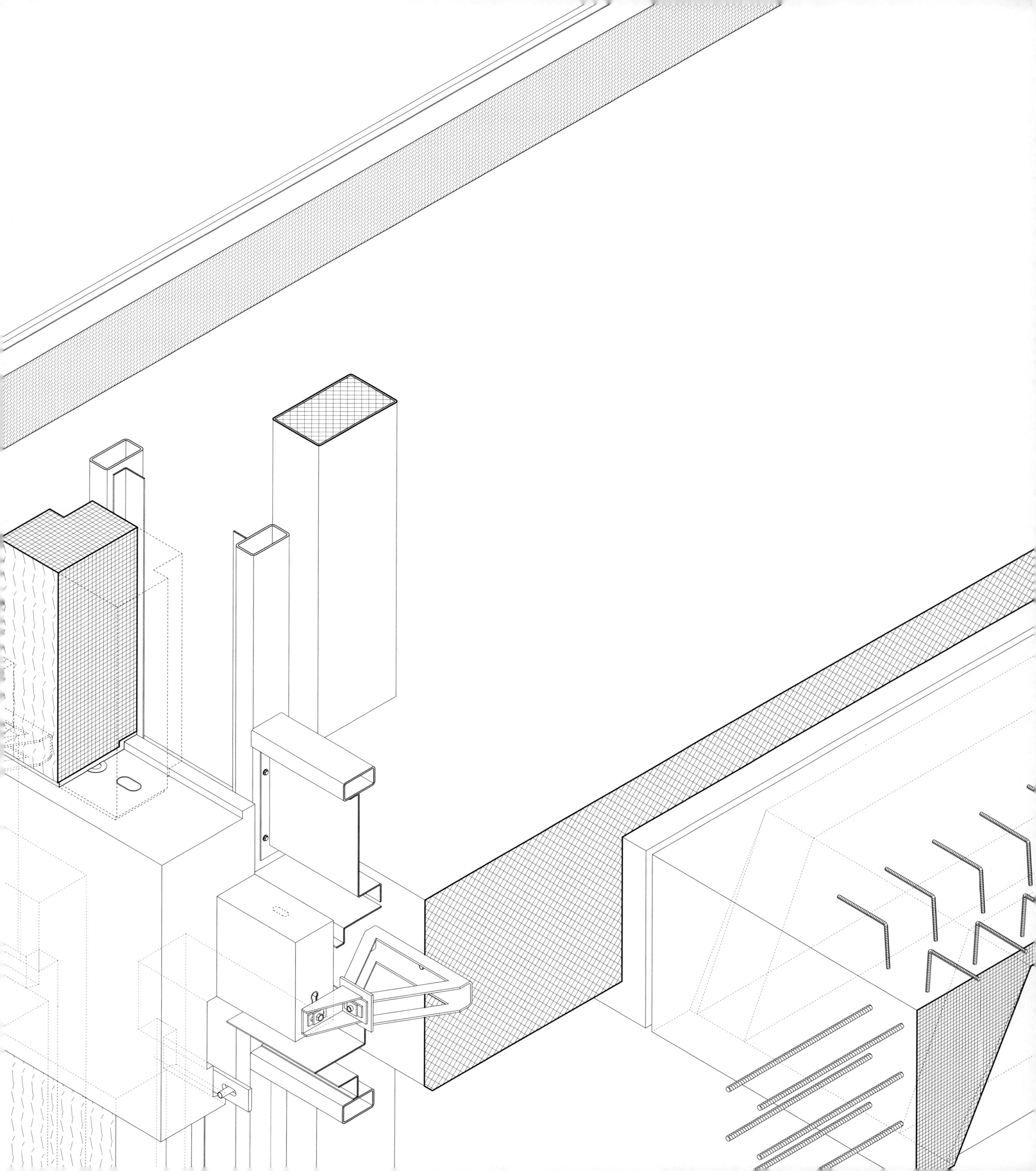

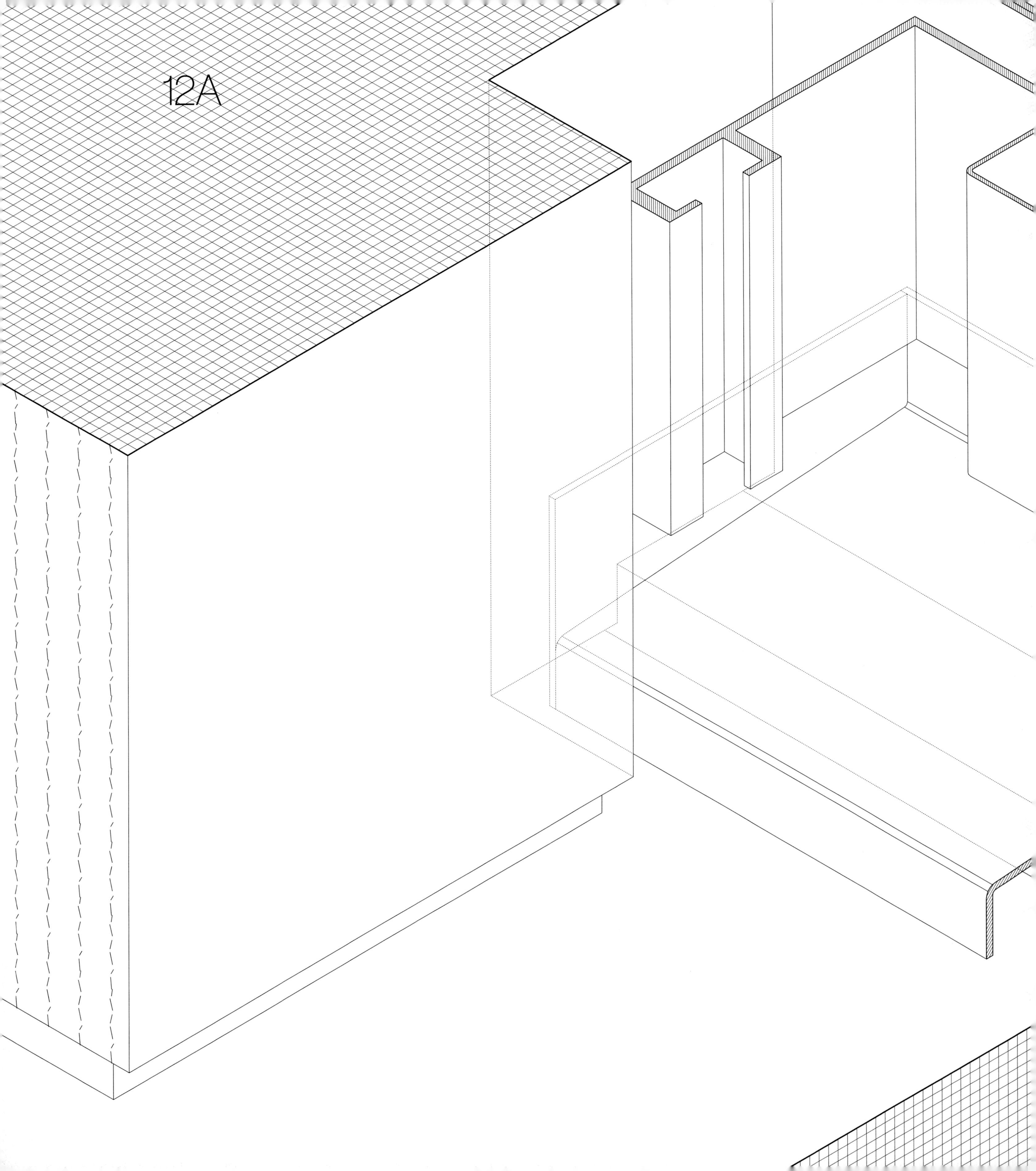
12A

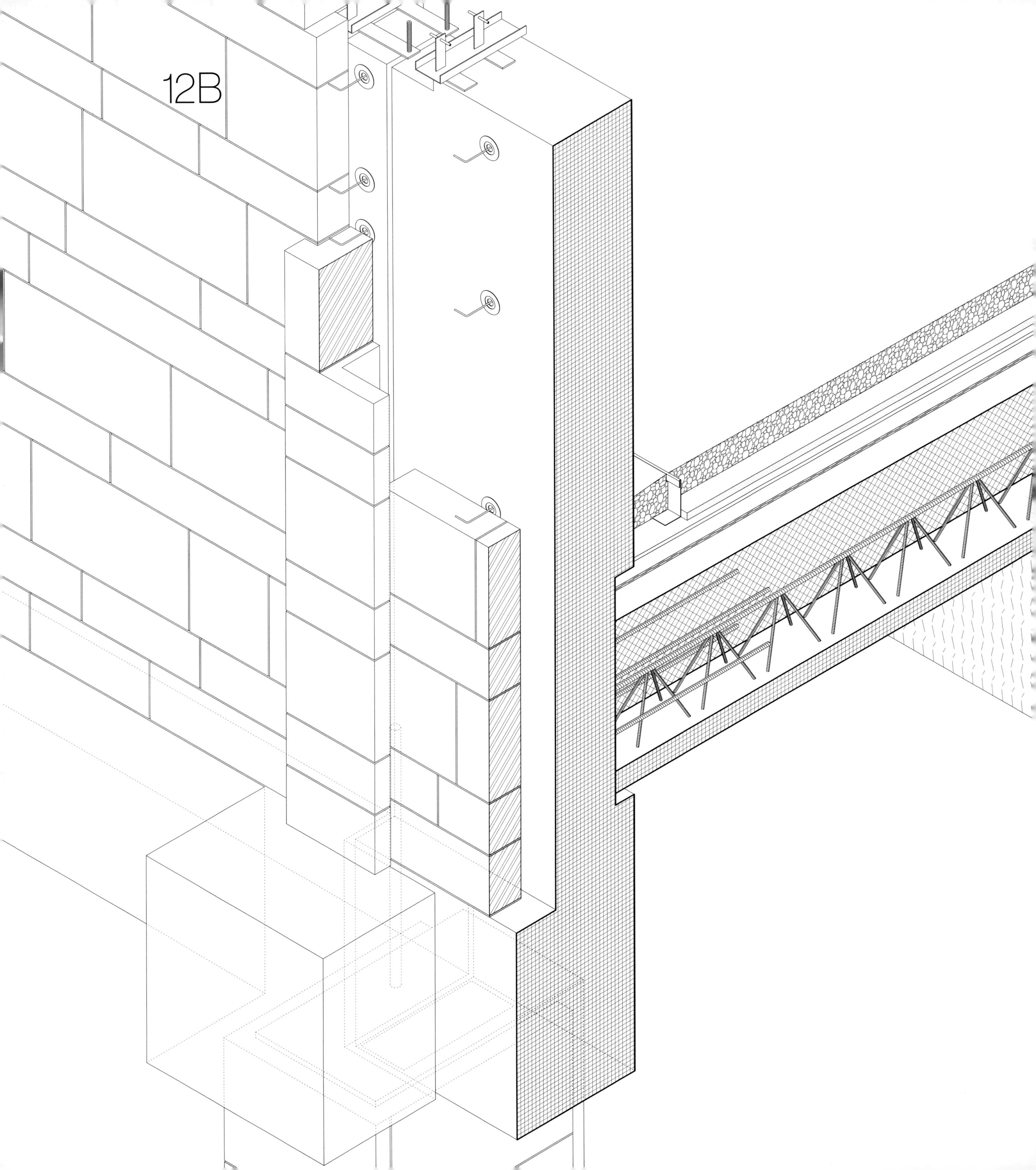
12B

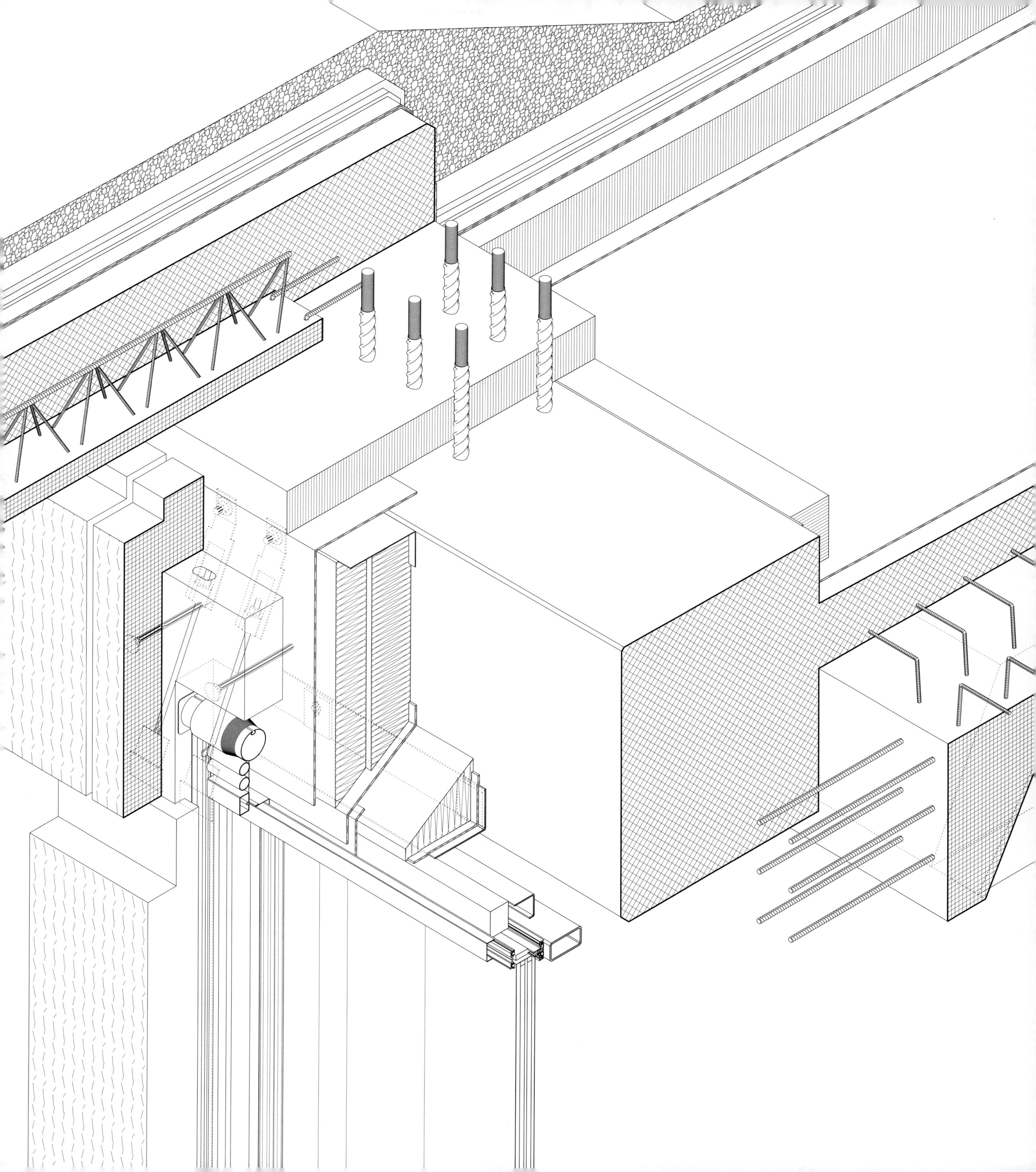

13 ETH ZÜRICH GEBÄUDE LEE, ZÜRICH FAWAD KAZI ARCHITEKT

Ein gefügter Betonbau: Der oberirdische Baukörper besteht mit Ausnahme der aussteifenden Ortbetonkerne gänzlich aus vorgefertigten Betonfertigteilen. Rippenplattendecken liegen auf präfabrizierten inneren Unterzügen und Fassadenstützen. Die zweigeschossigen, reliefierten Fassadenelemente bilden eine selbsttragende, hinterlüftete äußere Schutzschicht. Zwei Fassadenankertypen genügen, um die Absturz- und Erdbebensicherung der Fassadenelemente zu garantieren. Gleichzeitig nehmen sie die beträchtlichen thermischen Ausdehnungen der vielgeschossig gestapelten Fassadenhülle auf. (dm/ds)

13

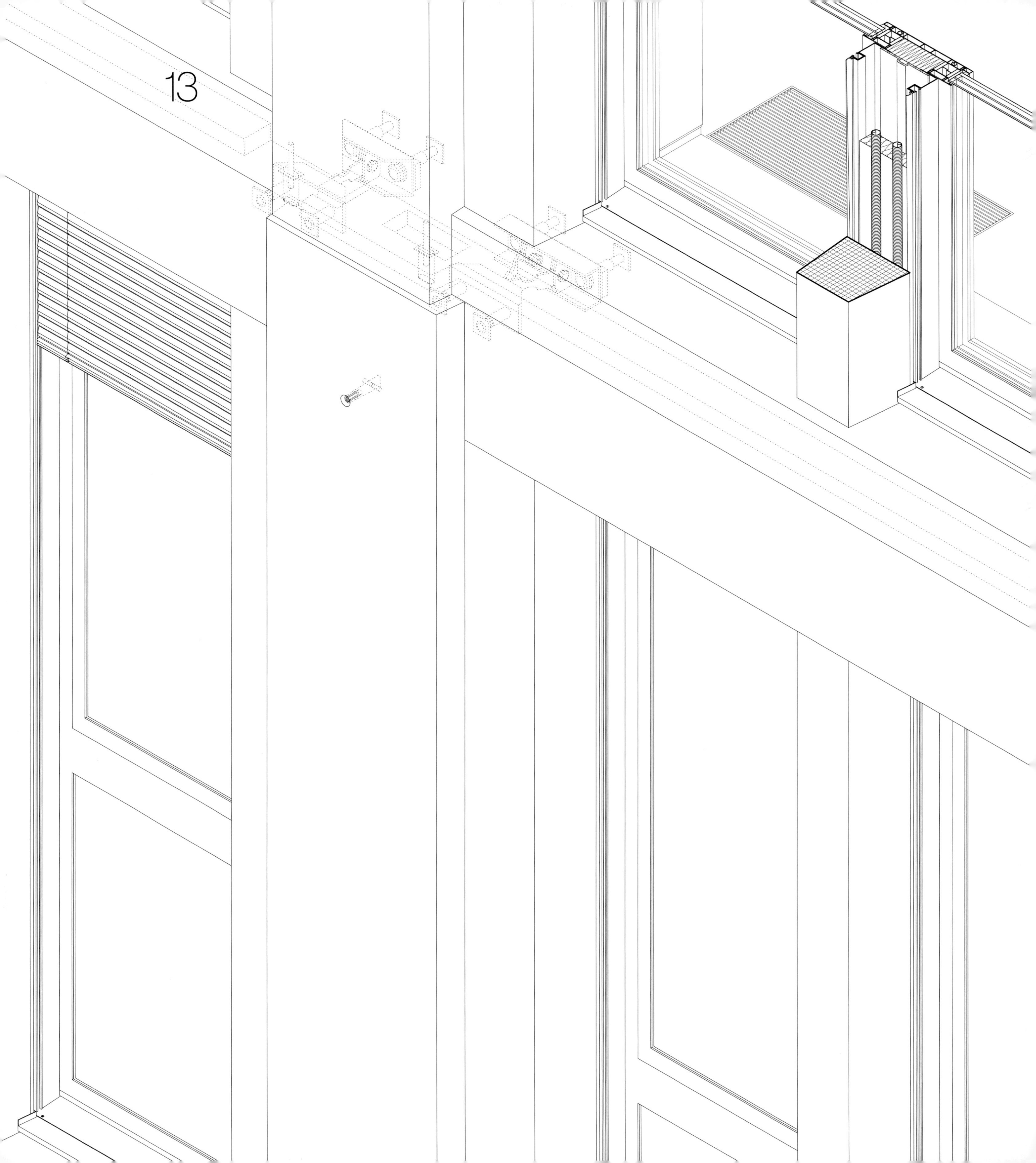

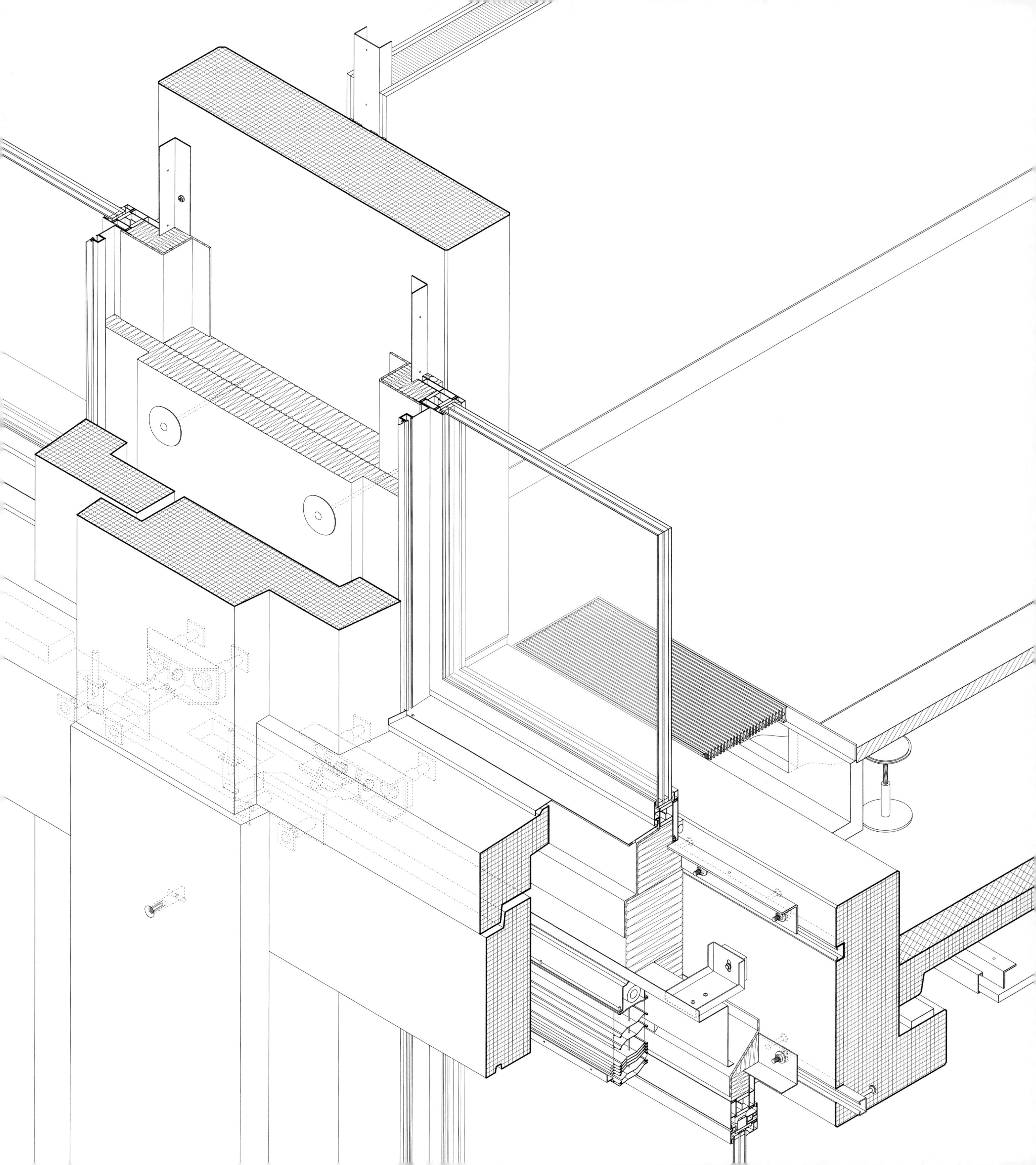

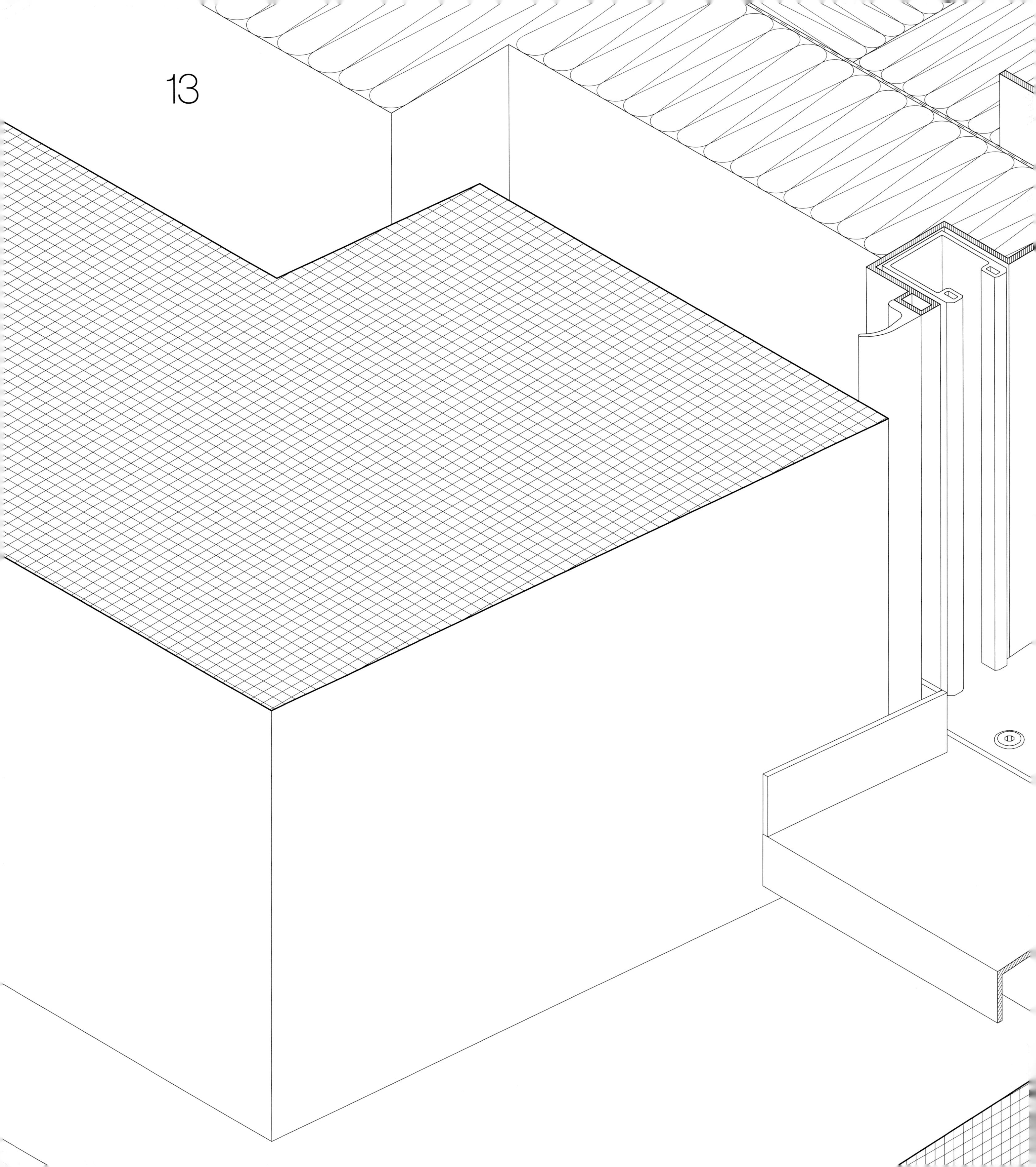
13

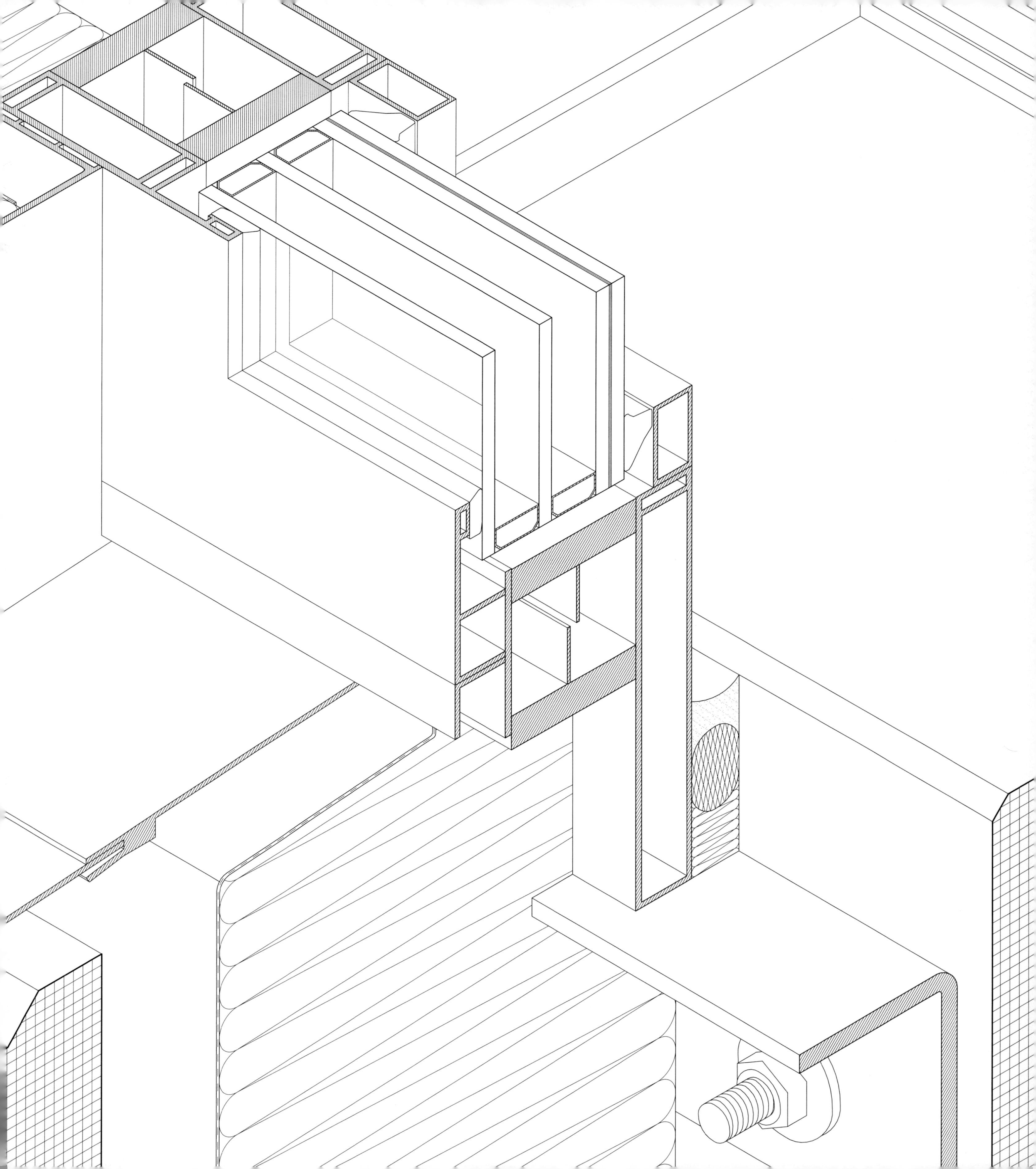

14 CREDIT SUISSE BEL-AIR HAUPTSITZ, GENEVE BUCHNER BRÜNDLER ARCHITEKTEN

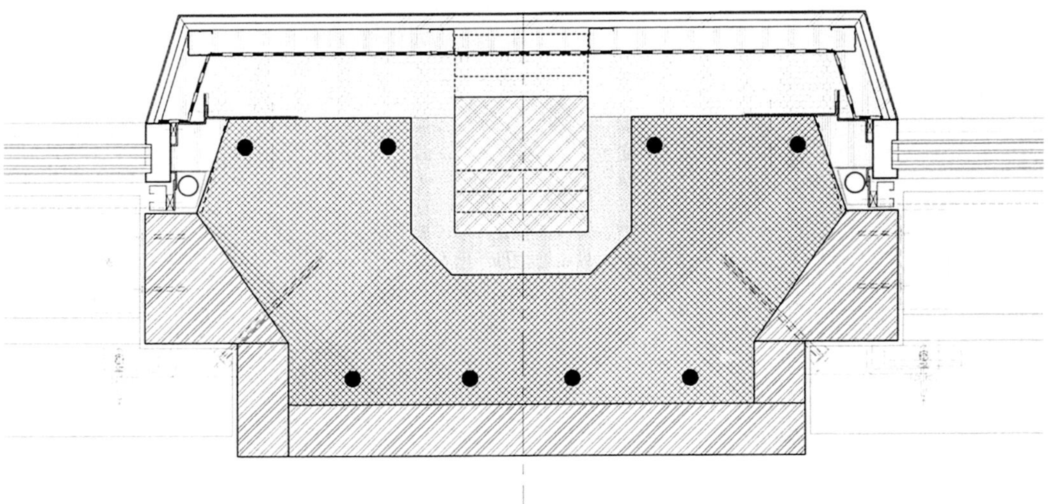

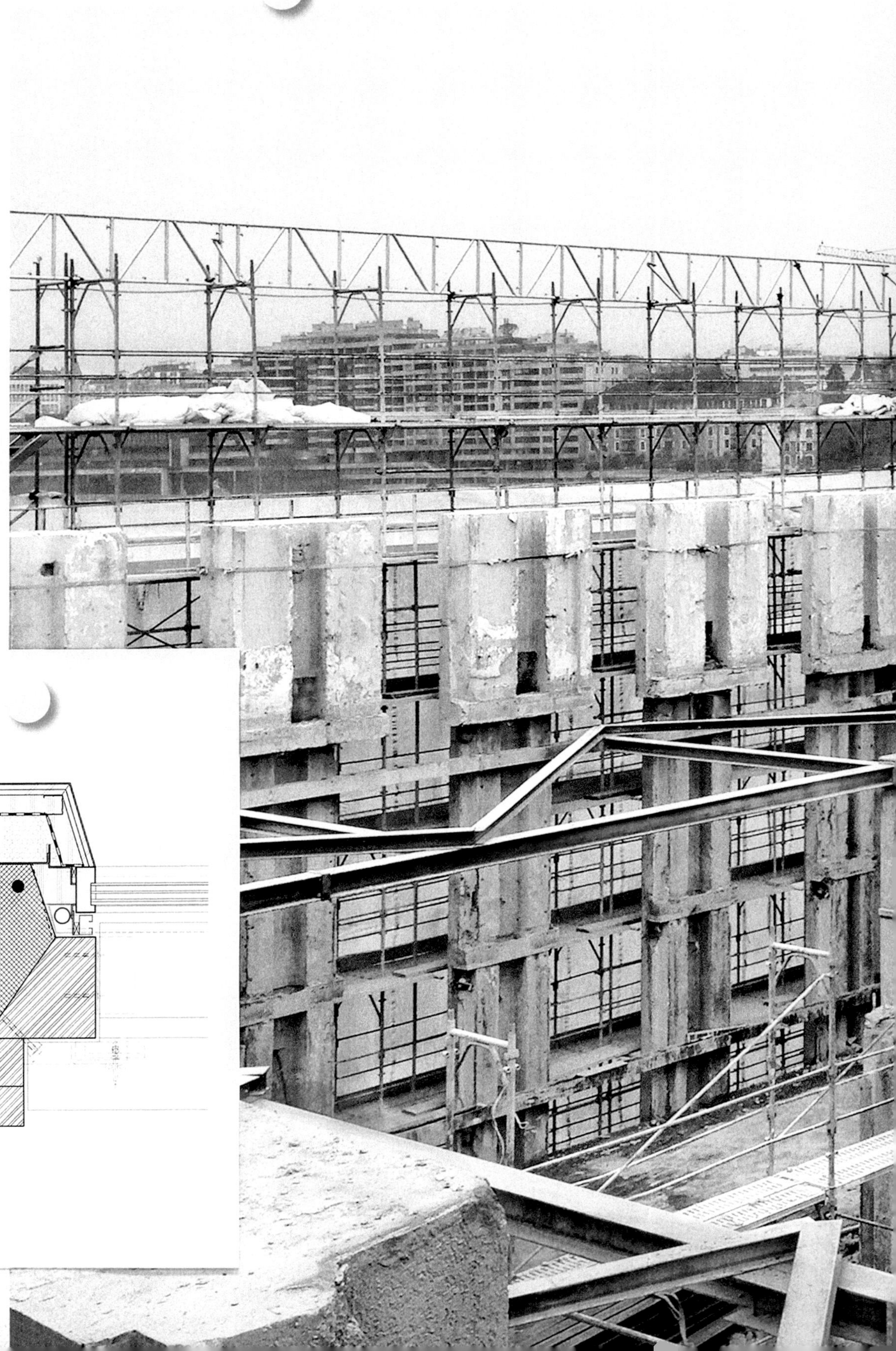

Letztmals 1970 umgebaut, verwendet auch der aktuelle Sitz der Credit Suisse bestehende Strukturen des 1930 an der Place Bel-Air gebauten Gebäudes. Die originalen Beton-Sandstein-Lisenen betonen die Vertikalität. Dazwischen schützen neue vorgehängte Deckenstirnabdeckungen aus vorfabrizierten Betonelementen ein komplexes Pfosten-Riegel-System. Ein neu entwickeltes Stützensystem innerhalb der Lisenen entkoppelt die warmseitige Tragstruktur. Diese konstruktive Mischbauweise beinhaltet drei Systeme: Innendämmung und Kerndämmung im Lisenenbereich, Außendämmung an den sichtbaren Deckenstirnen. Ein kompaktes Modul von Trockenbau, Dämmung und Dampfbremsen verdeckt das Fassadensystem von innen flächenbündig. Die purifizierte Fassade ohne Vordachkranz reinterpretiert die ursprüngliche Monumentalität des Gebäudes. (kb)

14

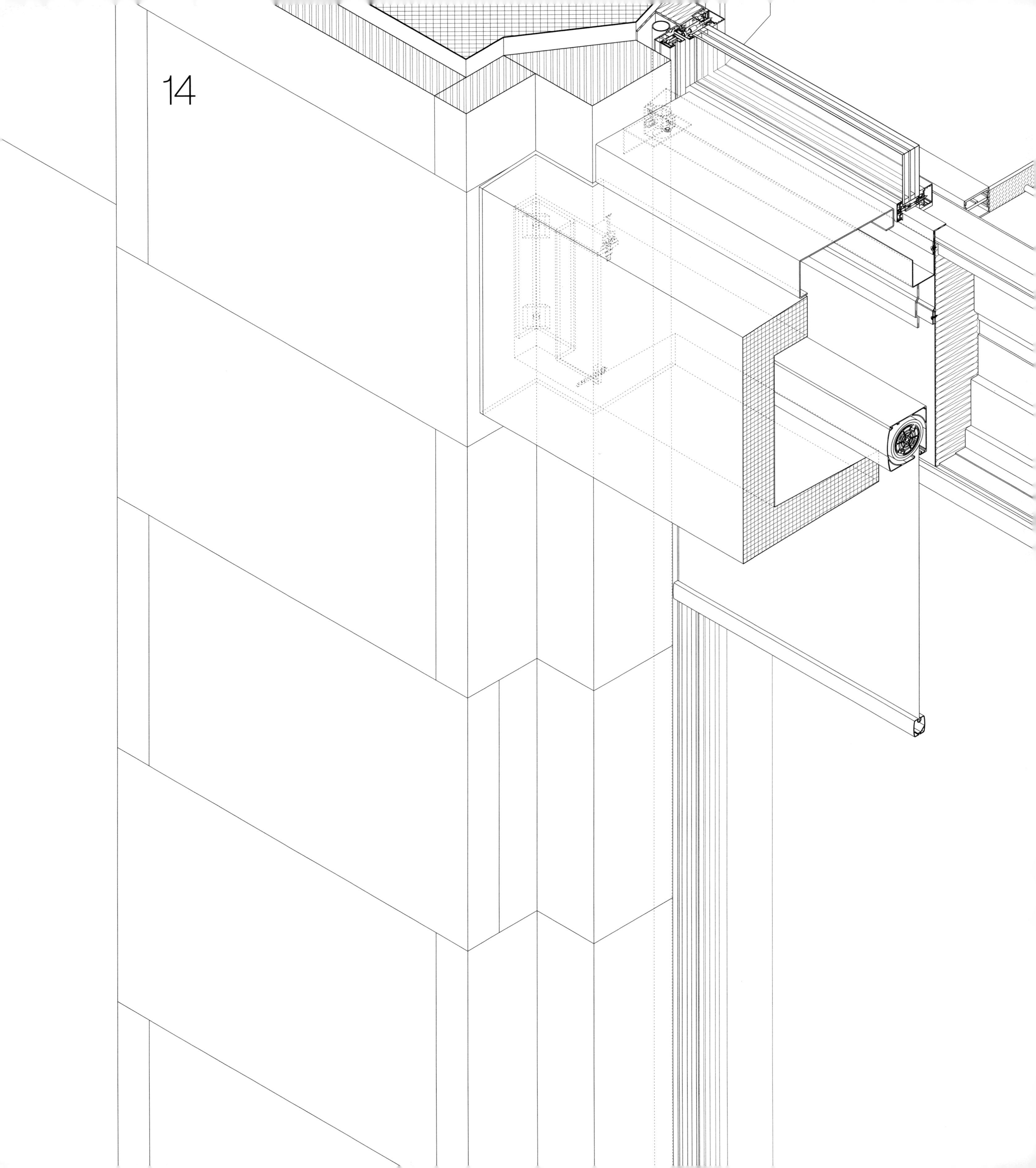

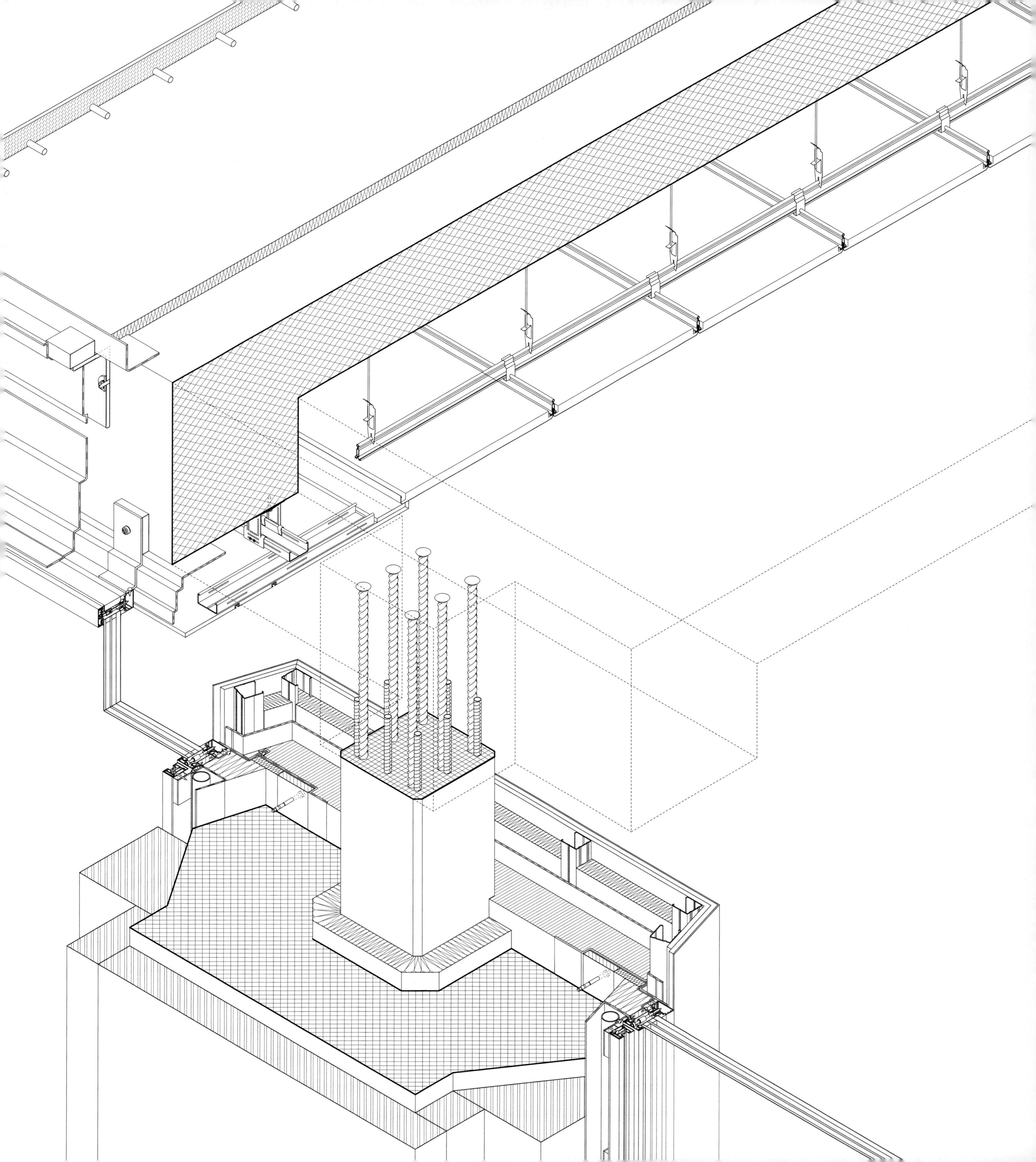

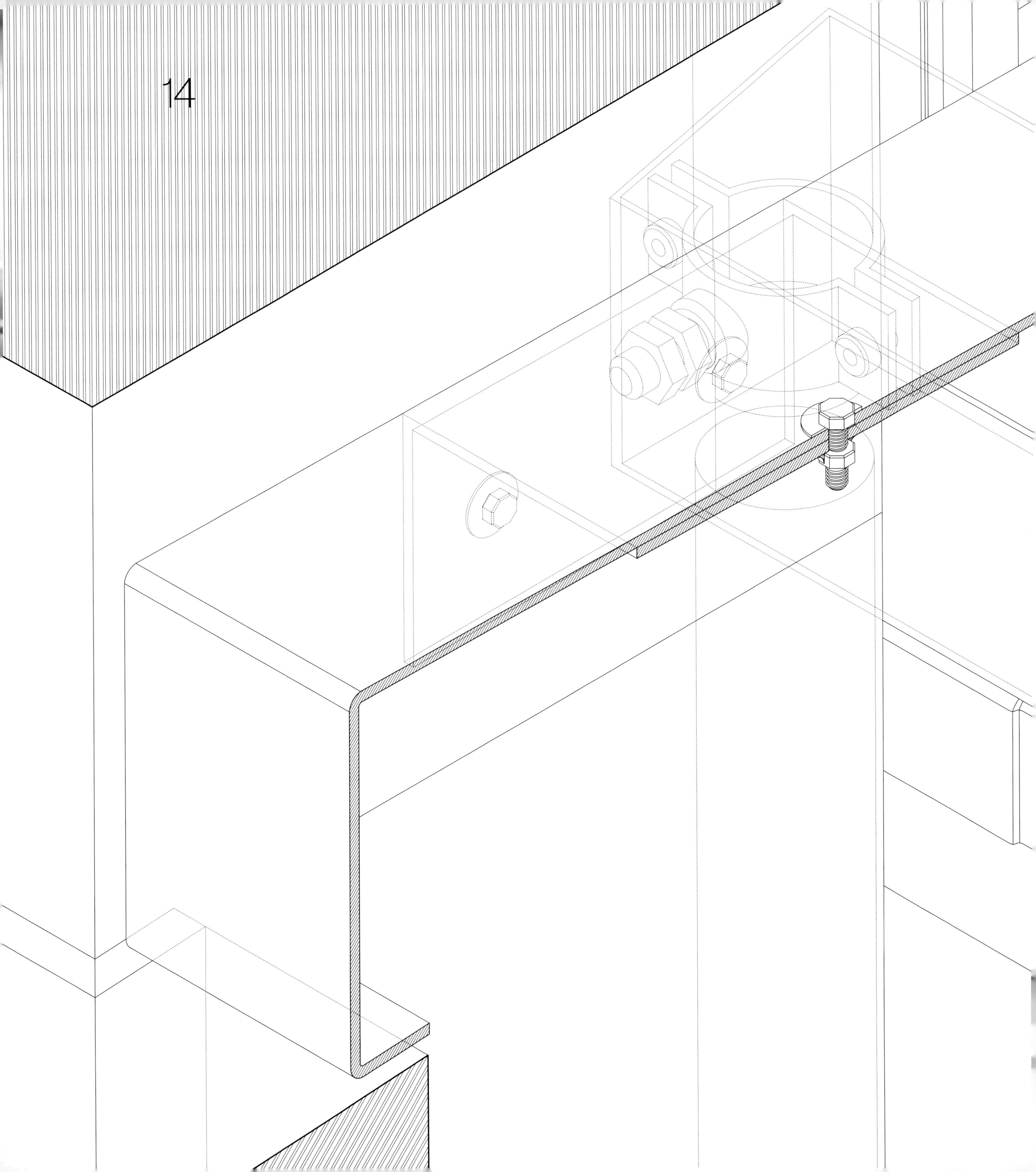
14

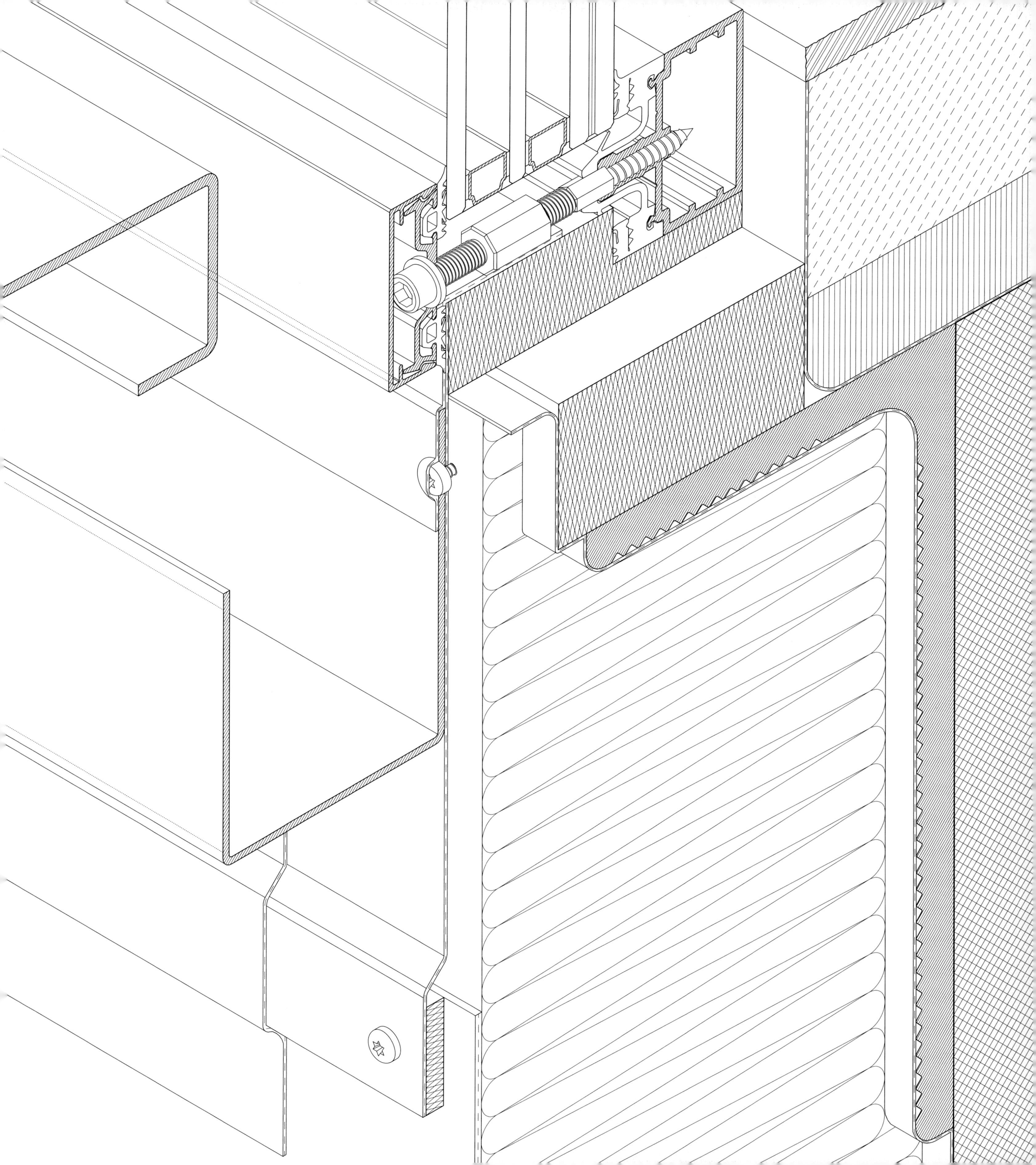

15 HOHES HAUS WEST, ZÜRICH LOELIGER STRUB ARCHITEKTUR

Bei dem im baulichen Kontext großen Wohnhaus wird nicht der Eindruck eines massiven Baukörpers, sondern eine tapetenartige Wirkung des mineralischen Materials angestrebt. Die hinterlüfteten Faserzementplatten sind auf einer Aluminiumunterkonstruktion montiert. Durch die mit golden eloxierten abgekanteten Aluminiumblechen ausgebildeten Fugen und die Blechlaibungen erscheint die Fassade als dünne Haut. Die virtuose Anwendung eines bewährten Fassadenaufbaus verleiht dem mächtigen Gebäude eine noble Feinheit. (bm)

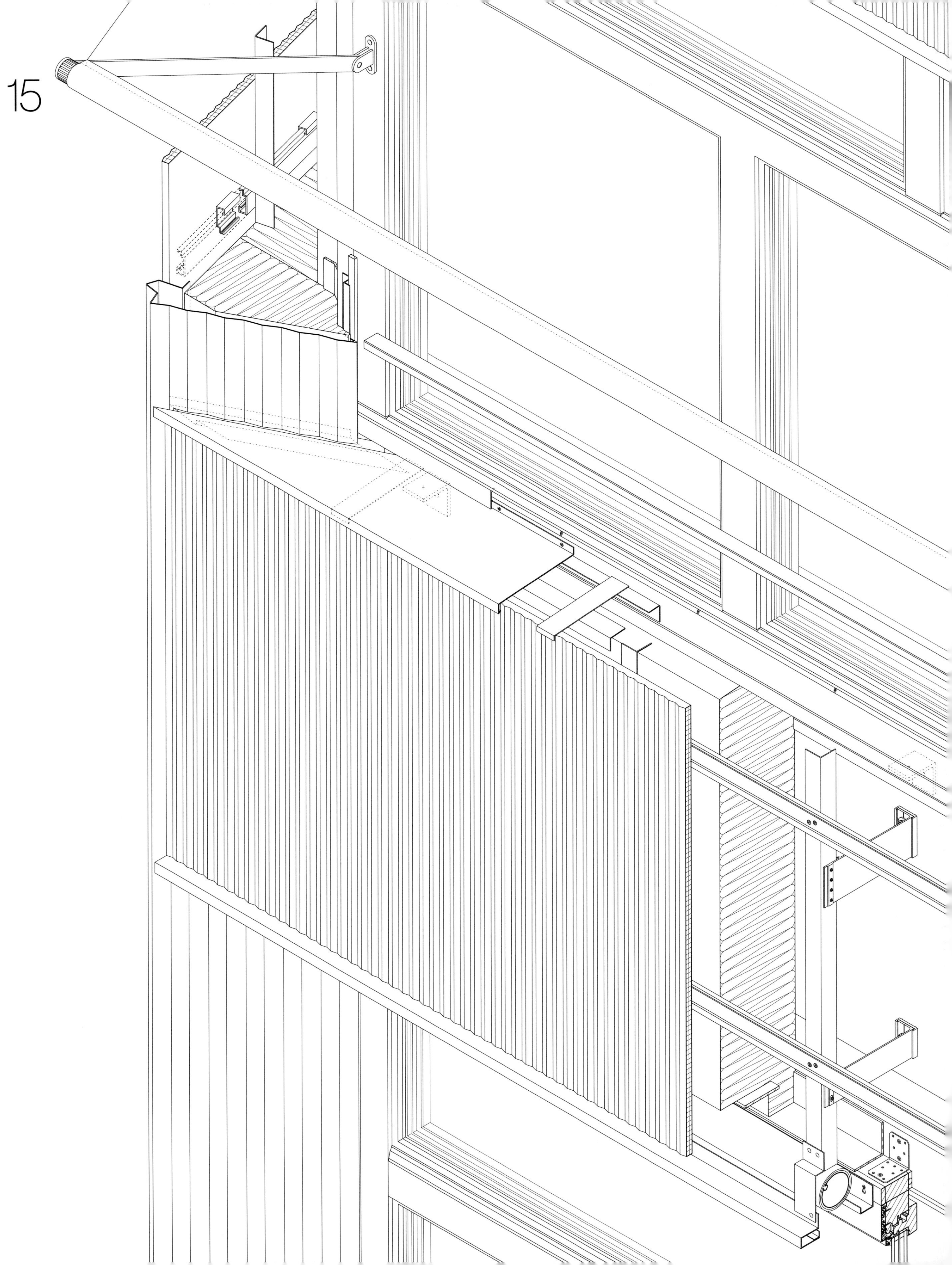
15

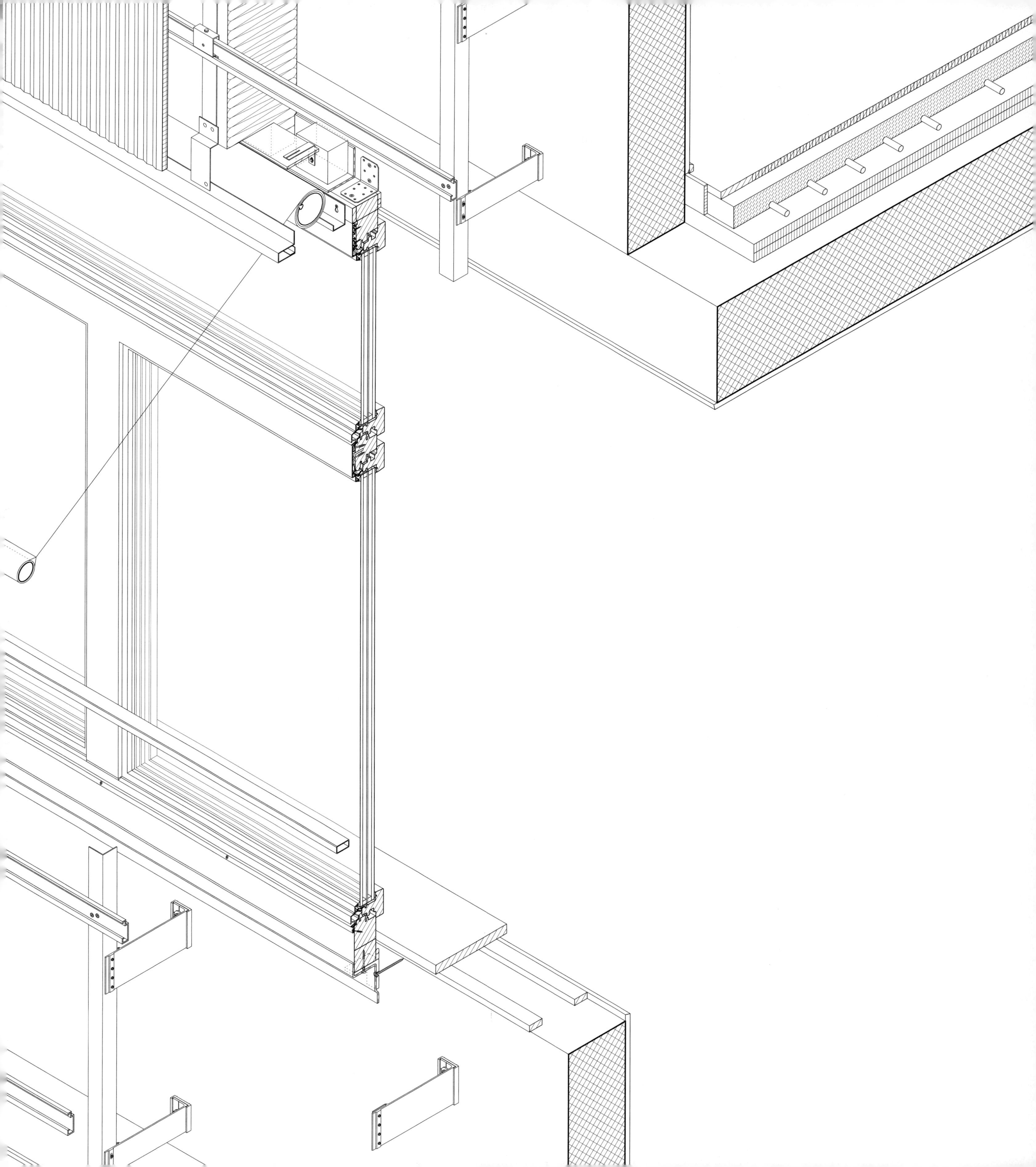

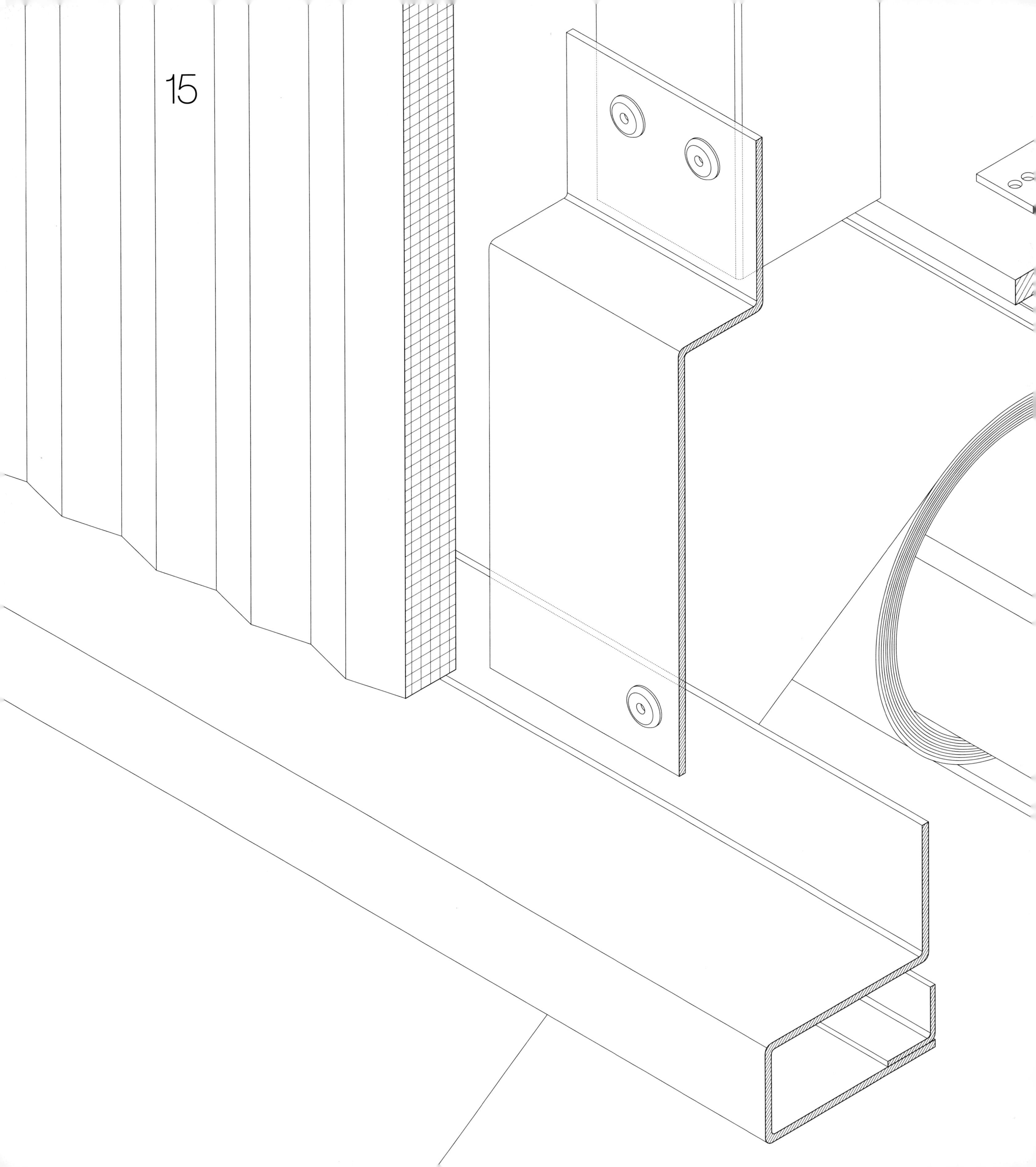
15

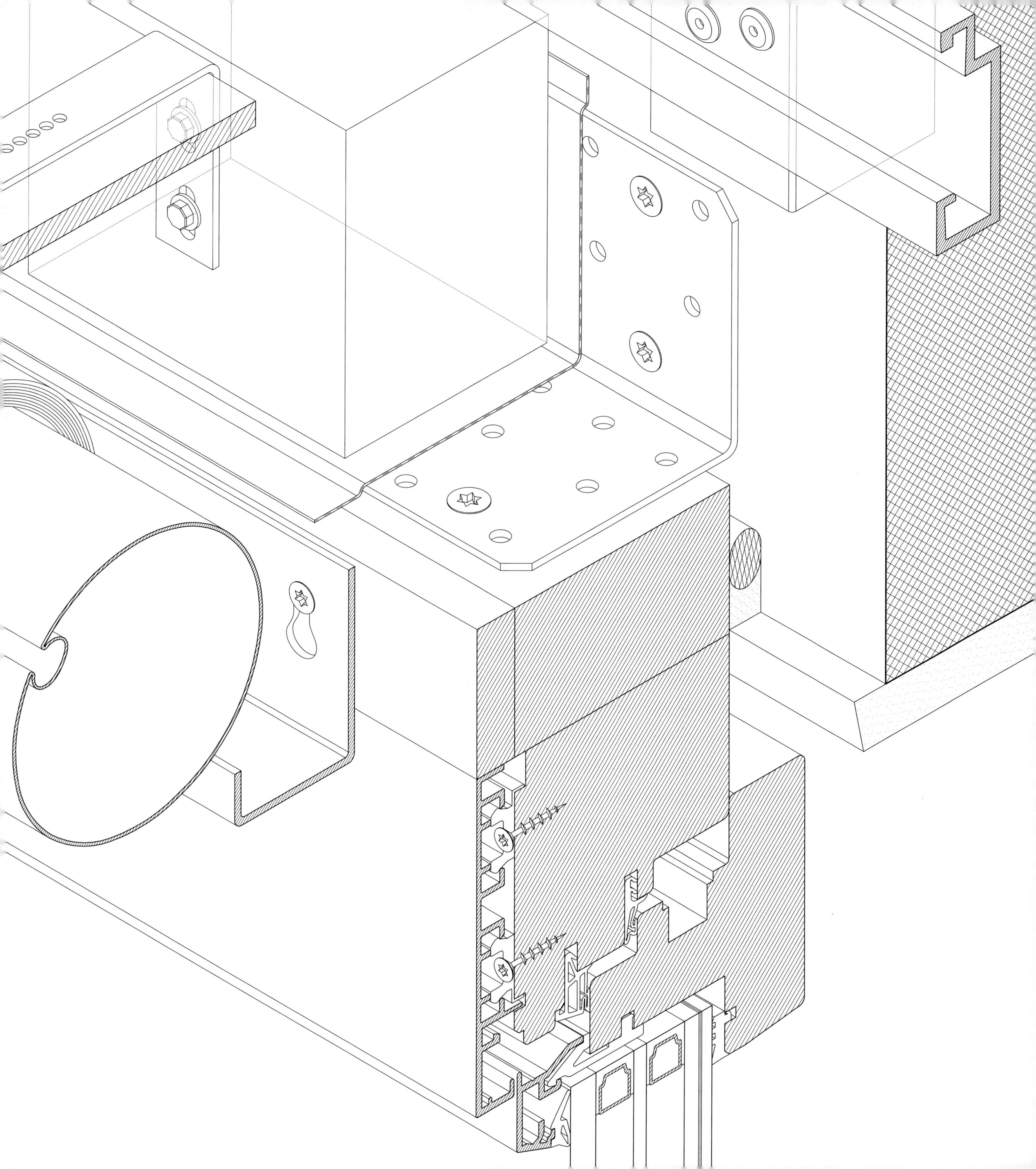

15

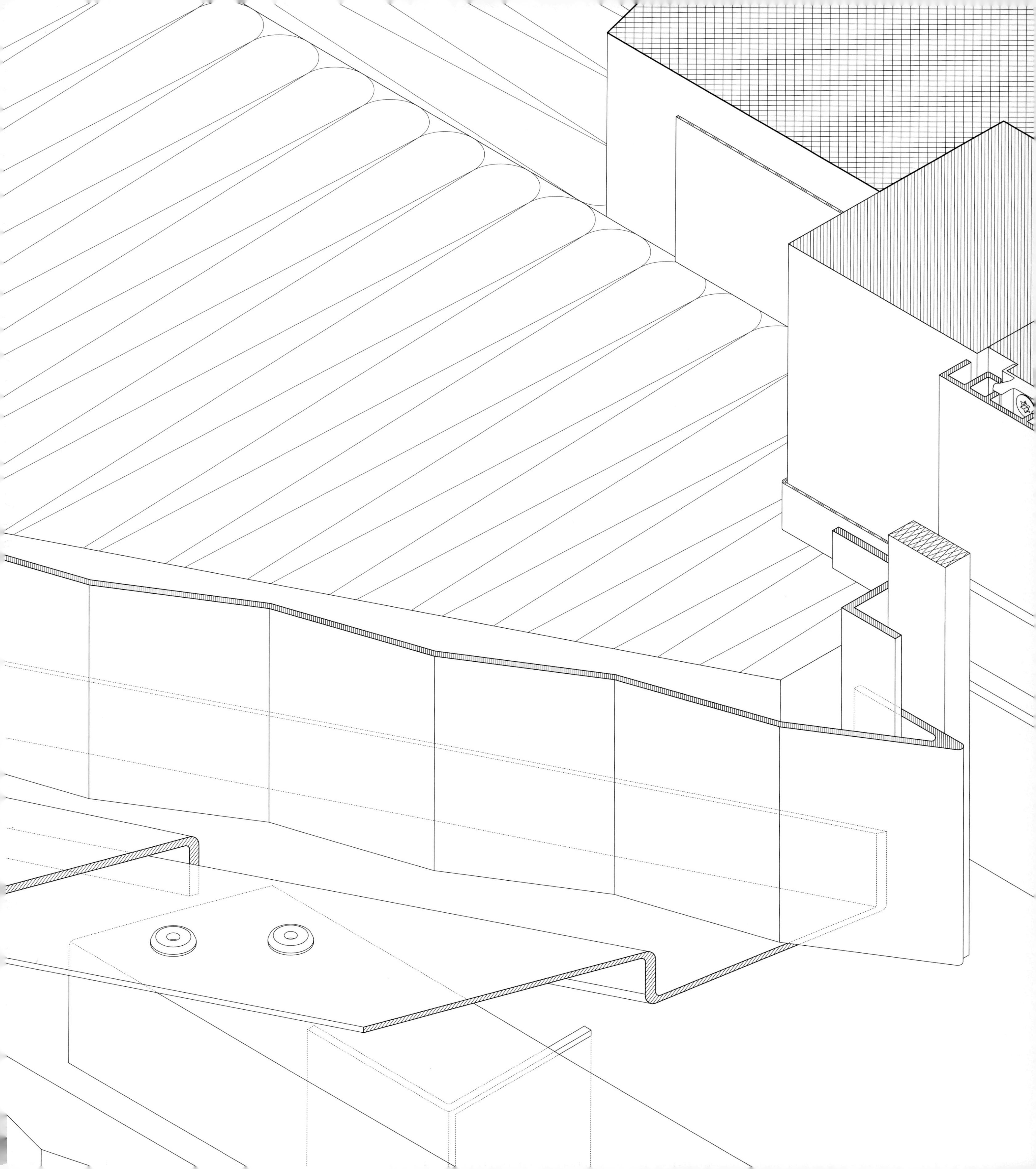

16 WERKHOF FEUERWEHR UND TIEFBAUAMT, HERISAU BEAT CONSONI

Das Fugenbild der vorgehängten Betonfertigteile bestimmt die Erscheinung des langgestreckten, in das ansteigende Terrain eingepassten Baukörpers. Die Fugen sind deutlich von den Kanten des Volumens abgerückt. Somit werden Fertigteile notwendig, die sowohl im Grundriss als auch im Schnitt übereck gehen. Die in mehreren Etappen betonierten Fertigteile erfüllen Kriterien der Fügung und Entwässerung in einem Element. (tl)

16

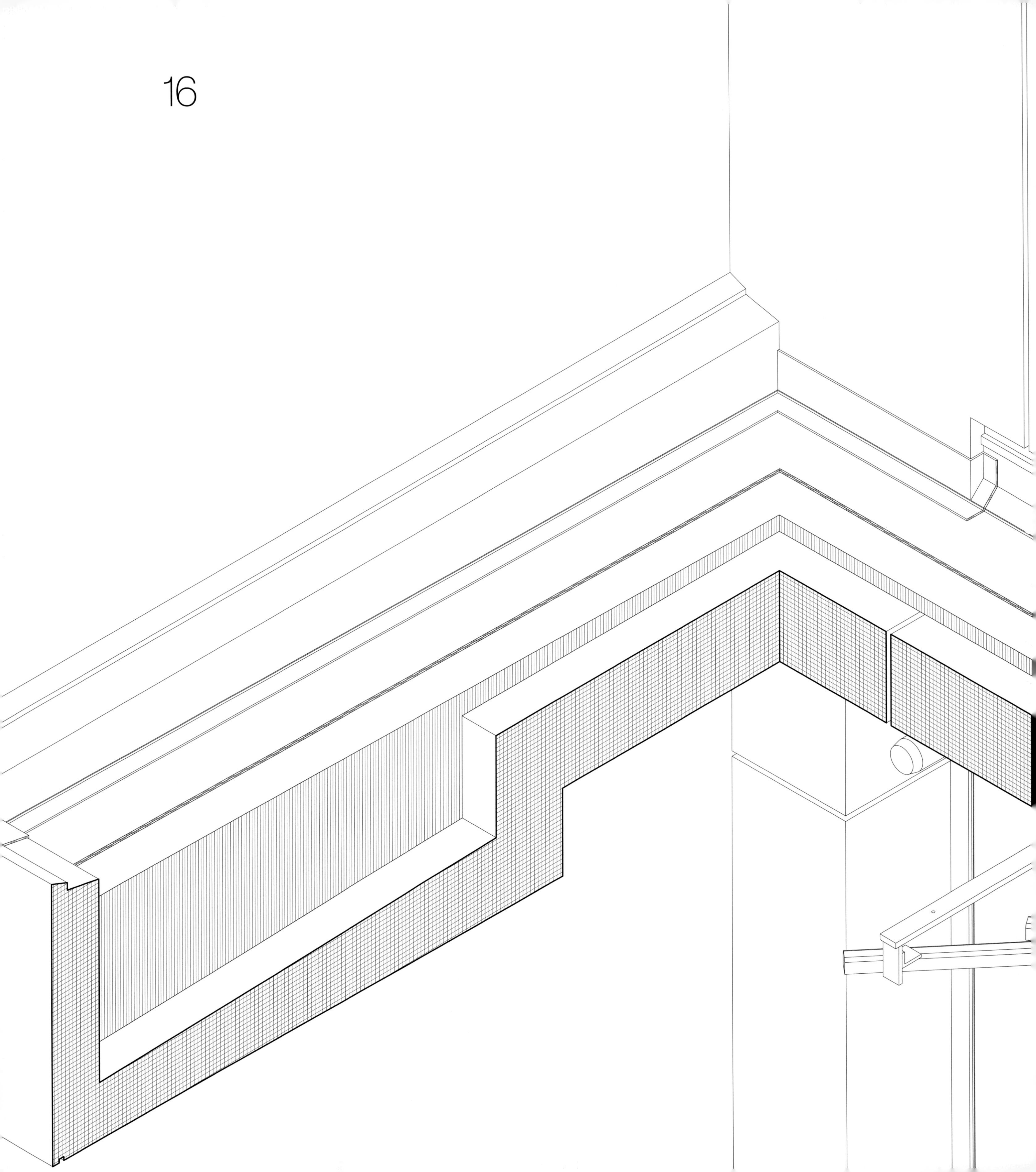

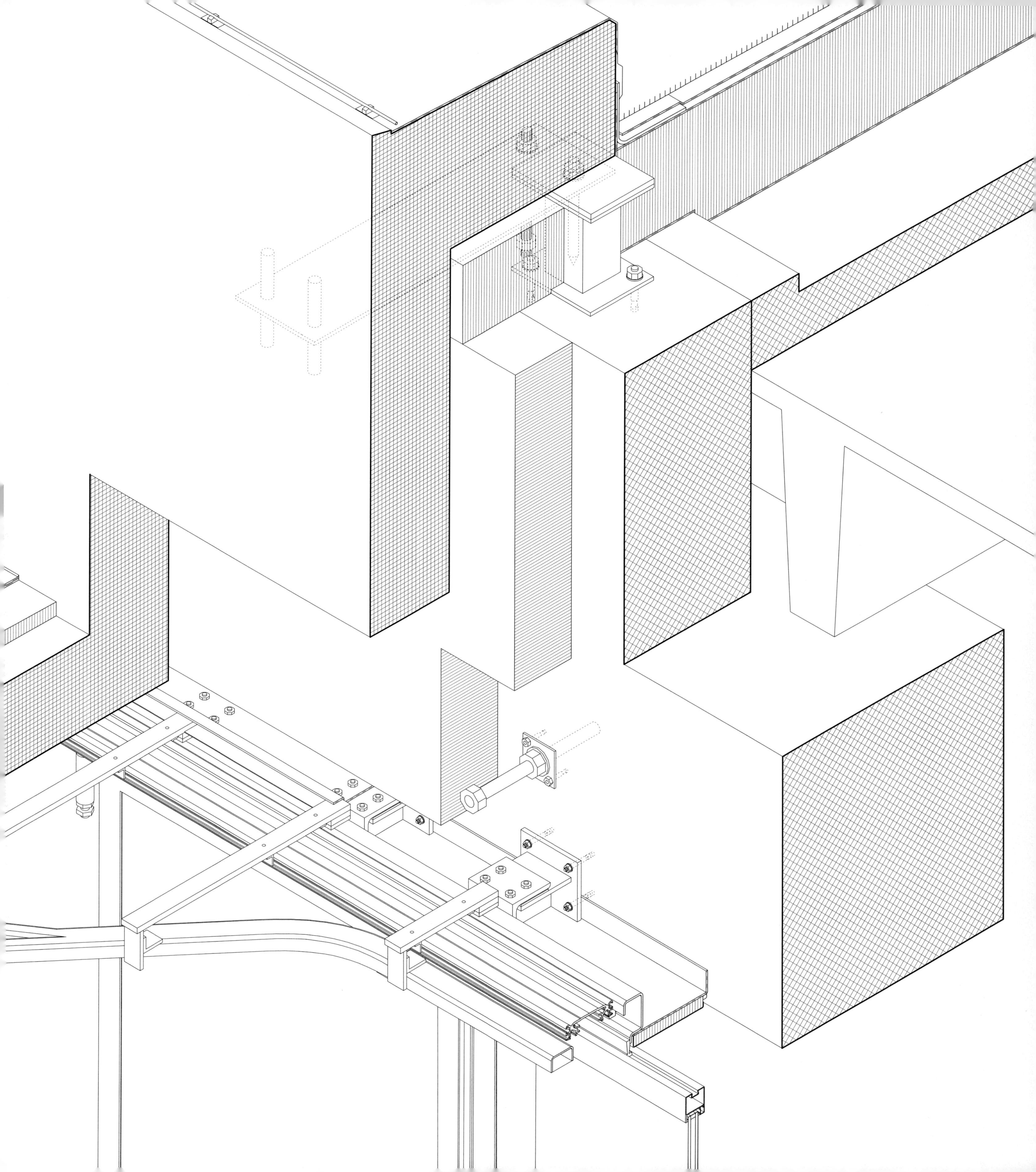

17 SICHTBETONKONSTRUKTIONEN – VERSUCH EINER SYSTEMATIK

DANIEL METTLER & DANIEL STUDER

Der Begriff Konstruktion wird in der neueren Architekturdebatte oft als Synonym für die Tragstruktur verwendet, in Abgrenzung zur Bekleidung derselben: „Die Haut steht in einem delikaten Verhältnis zur Konstruktion."[1] Just diese komplexe Zone des Gebäudes, sei sie einer Tragstrukur vorgelagert oder Teil der Tragstruktur, stellt heute die überwiegende technische Herausforderung beim Bauen dar. Eine groß angelegte statistische Untersuchung über die Ausführungsqualität schweizerischer Hochbauten von Sacha Menz und Oliver Kriebus[2] zeigte 2013, dass kaum Schäden an der Tragstrukur auftreten, sondern fast ausschließlich aufgrund von Mängeln an der Gebäudehülle. Es stellt sich daher die Frage, ob eine Architekturtheorie relevant sein kann, welche die Ausbildung der Gebäudehülle vom Begriff der Konstruktion ausschließt.

Systembildende Faktoren

Die Gegenüberstellung der aktuellen Bauweisen anhand von 16 Beispielen zeitgenössischer schweizerischer Architektur begreift beide – Tragwerk und Bekleidung – als gleichwertige, integrale konstruktive Herausforderungen. Sie vermag so zu zeigen, wie die stets wandelnden Anforderungen an Bauwerke mittels Fassadenkonstruktionen aus sichtbarem Stahlbeton heute erfüllt werden können. Dieser tragfähige, feuer- und wetterresistente Baustoff kann in jede beliebige Form gegossen werden, in deren Innerem komplettieren die Armierungsstähle den Materialverbund zum Stahlbeton und gestatten vielfältige, ja sogar vieldeutige Trageigenschaften.

„Der Stahlbeton ist das schönste Konstruktionssystem, das die Menschheit bis heute je hat finden können"[3], meinte Pier Luigi Nervi noch 1945 zu dem neuen Werkstoff. Die zunehmende Bedeutung von Energiefragen seit den 1970er-Jahren hat das Bauen jedoch insofern beeinflusst, als die mäßigen Wärmedämmeigenschaften zur Hürde für die Anwendung von in der Fassade sichtbarem Beton wurden. Die Weiterentwicklung der Betonrezeptur ab Ende der 1990er-Jahre[4], mit leichteren Zuschlagsstoffen auf eine mit den Anforderungen konforme Verbesserung seiner Wärmedämmeigenschaften abzielend, ist jedoch mit einer verminderten Tragfähigkeit[5] des sogenannten Wärmedämmbetons verbunden. Neuerliche Verschärfungen der Wärmedämmvorschriften erschweren die Verwendung von Wärmedämmbeton so weit, dass Beton mit einem homogenen, einschichtigen Aufbau als umfassendes Konstruktionsprinzip für die Gebäudehülle heute kaum mehr eingestzt werden kann. Vielmehr sind komplexe, wärmegedämmte Konstruktionen für die Fassade seit den 1970er-Jahren die Norm. Nicht mehr primär das Kräftespiel der Tragwerksteile, sondern das Zusammenwirken von Tragstruktur, Dämmung, Bekleidung und Bauablauf sind in der Folge systembildend geworden.

Systeme für Sichtbetonfassaden

Die hier untersuchten Beispiele zeigen typische Versuche, Tragwerk, Dämmung und Gebäudehülle in Beziehung zueinander zu setzen (siehe 00 SYSTEME). Das einschichtige, also gleichzeitig innen und außen liegende, direkt ablesbare Tragwerk aus Ortbetondecken und Dämmbetonfassade (A), z. B. beim Haus Gartmann (03), findet eine erste Konstruktionsvariante bei den innen wärmegedämmten Terrassenwohnungen Bruggerberg (04) oder dem Haus Sandmeier (05). Das Fassadentragwerk aus Sichtbeton bleibt hier zumindest außenseitig sichtbar, die Decken sind ebenfalls durchgehend kraftschlüssig mit den Außenwänden verbunden, aber lokal mit Wärmedämmstreifen (B) so weit thermisch nachgebessert, dass Kondensatbildung am Wand-Deckenanschluss verhindert wird. Diese Dämmstreifen-Bauweise erlaubt den Einsatz von leistungsstarkem Konstruktionsbeton sowohl für Decken als auch für Fassaden. So können größere Spannweiten und Öffnungen als bei Wänden aus Wärmedämmbeton realisiert werden. Durch die primär winterlichen Temperaturunterschiede zwischen innenliegendem, temperiertem Beton der Decken und den damit starr verbundenen Betonfassaden mit Außentemperatur muss allerdings die Problematik von Zwängungsrissen gelöst werden.

Die thermische Entkoppelung von tragender Außenwand sowie Decken mit Kragplattenelementen und Schubdornen (C) löst sowohl die Zwängunsproblematik als auch die thermischen Schwachstellen durch eine physische Unterbrechung der Betondecke am hoch belasteten Decken-Wand-Anschluss. Diese heute verbreitete Bauweise bei außen tragenden und innen gedämmten Gebäudehüllen geht meist mit einem inneren Tragwerk aus Aussteifungskernen und Trennwänden einher, so z. B. beim Wohnhaus Schwarzpark (07). Die Decken können – wenn auch nur mittelbar – unter Verzicht auf ein zweites vertikales Tragelement im Fassadenbereich an der Außenschale aufgelagert werden. Dieses System wird beim Wohnhaus Neufrankengasse (06) zur Bildung eines vieldeutigen Tragwerks genutzt: Stellenweise liegen die Decken nicht auf der Fassade, sondern die Fassade wird von den Decken gestützt. Alle Bausysteme mit Innendämmung und Sichtbetonfassade haben zwei Dinge gemeinsam: Die Betonoberfläche ist lediglich außen sichtbar und die Dampfdiffusion ist aufgrund des relativ dichten, kaltseitig liegenden Betons problematisch. Daher muss entweder die Dämmung selbst dampfdicht sein, z. B. aus Glasschaum, oder warmseitig muss eine dampfdichte Schicht vor die Dämmung verbaut werden. Um diese Dampfsperre nicht zu perforieren, werden meist zusätzlich Vorsatzschalen davorgebaut.

Die Unterbrechung der Betondecke durch Kragplattenelemente stellt zudem eine potenzielle akustische und brandschutztechnische Schwachstelle dar, die weitere bauliche Maßnahmen erfordern kann.

Bauweisen mit innen liegendem Tragwerk und daran außenseitig angelagerter Wärmedämmung können innen und außen aus Sichtbeton bestehen, doch sie gestatten es nicht, ein unmittelbar in der Fassade wirksames Tragwerk auszubilden. Trotzdem kann bei Bauweisen mit Kerndämmung (D) der Versuch einer Verlängerung des Tragwerks durch die Dämmung hindurch festgestellt werden. Im wörtlichen Sinn zeigt dies das Mehrfamilienhaus Forsterstraße (08), dessen vorgespannte Ortbetonplatten und -scheiben thermisch getrennt in den Außenraum verlängert sind und die Balkone bilden. Ein Sandwichelement – „im allgemeinen dreilagige Konstruktionen, die aus einer oberen und einer unteren Deckschicht sowie einem dazwischenliegenden Kern bestehen“[6] – ist per definitionem eine untrennbare Einheit aus verschiedenen Baustoffen, ein „Mehrstoff-Bauteil“[7]. Beim Wohnhochhaus Zölly (09) werden die geschosshohen, L-förmigen Sandwichelemente mit Kerndämmung zu einem innen tragenden System einer kompakten Gebäudehülle, das sich durch nahezu identische Projektionen der Außenschalen in der Fassade abzeichnet. Die offenen Fugen zwischen den Elementen sind ein Verweis auf die unvermeidliche Komplexität der Konstruktion aus vorgefertigten Betonteilen, welche stark von der Aufnahme von Maßtoleranzen, Montageabläufen, der Anschluss- und Dichtungsproblematik etc. beeinflusst werden.

Die klassische Kerndämmbauweise mit Ortbeton für Innen- und Außenschale (E) wurde bei der Erweiterung des Landesmuseums in Zürich (11) angewendet, aber situativ erweitert. Steht im Regelfall die Außenschale rückverankert vor der gedämmten Innenschale auf einem gemeinsamen Fundament, wurde hier an den brückenartigen Baukörpern mit ihren großen Spannweiten die Außenschale mit Fassadenankern an der Innenschale angehängt.

Wird die Außenschale nicht mit Ortbeton, sondern aus nachträglich versetzten Sichtbetonelementen gebildet, ist eine Luftschicht zwischen Wärmedämmung und Außenschicht nötig. Einerseits können so Maßtoleranzen aufgenommen und die Beschädigung der Wärmedämmung während der Montage der schweren Fassadenelemente verhindert werden. Andererseits ist dieser Raum zur Befestigung und Justierung der Betonelemente unabdingbar. Diese Hinterlüftung der Fassade besitzt große bauphysikalische Vorteile: Die Dampfdiffusion von innen nach außen wird trotz einer Außenschale aus dampfdichtem Sichtbeton ermöglicht, und es kann bei geeigneter Schichtfolge auf Dampfsperren verzichtet werden. Allerdings ist die Entwässerung dieser Hinterlüftungsschicht zu gewährleisten.

Stehen die Fassadenelemente wie bei der Kerndämmbauweise vor der gedämmten Innenschale (F), muss der Kraftabtrag der Elemente bis in die Fundamente möglich sein. Thermische Ausdehungen der aufgeschichteten Fassadenelemente können lateral durch Fugen und Gleitlager aufgefangen werden, vertikal jedoch summieren sich diese. Bei vielgeschossigen Baukörpern wie dem Gebäude LEE (13) der ETH Zürich sind ausreichende Bewegungstoleranzen z. B. bei den Fensteranschlüssen zu berücksichtigen, da die Fenster am gedämmten inneren Tragwerk befestigt sind und den Bewegungen der Außenschale nicht folgen. Derartige Fassaden bewegen sich primär als Ganzes, und die von den Drucklasten stabilisierten Fugen können ausgemörtelt werden, wie z. B. auch beim Firmenneubau Synthes (12).

Werden die Fassadenelemente alle einzeln vorgehängt (G), entstehen andere Bewegungsmuster der Außenschale: Jedes Betonelement dehnt sich unabhängig vom nächsten, zudem sind die Fugen zwischen den Elementen unbelastet. Deshalb würde starres Fugenmaterial alsbald offene Fugenrisse erzeugen und die Fuge wäre innerhalb von kurzer Zeit zerstört. Versuche, diese Fugen mit plastischem Fugenmaterial – z. B. Silikon – auszubilden, gab es zwar, meist werden jedoch, wie beim Werkhof in Herisau (16), die konstruktiv logischen, offenen Fugen bevorzugt. Damit entfällt auch die periodische Erneuerung der dauerelastischen Kittfugen. Bei leichten, hinterlüfteten Bekleidungen aus z. B. Faserbeton wie beim Hohen Haus West (15) kann auf traditionelle Unterkonstruktionen zurückgegriffen werden, die auch für andere Materialien geringen Eigengewichts verwendet werden. Solche Systeme werden – anders als die schweren vorgehängten Betonelemente – typischerweise mit vielen, jedoch weniger beanspruchten Befestigungspunkten am inneren Fassadentragwerk befestigt.

Wärmedämmung – Tragstruktur – Bauprozess: Überlagerung der Systeme

Die Systemübersicht für Sichtbetonfassaden folgt zwar der Klassifizierung nach Lage der Wärmedämmung, aber zeigt, dass dies nicht ausreicht, um gleichzeitig alle konstruktiven Varianten z. B. in Bezug auf das Tragwerk abzubilden. Diese zweite Leseart ist nicht mit der ersten kongruent: So kann eine innen gedämmte Fassade Teil des Tragwerks des Gebäudes (B) sein oder dem Gebäude vorgestellt (C) werden. Ebenso kann die äußere Wand eines Systems mit Kerndämmung an der inneren Wand angehängt (D) sein oder selbsttragend als zweite Tragstruktur (E) davorstehen, wie dies bei hinterlüfteten Fassadenkonstruktionen (F) meistens der Fall ist. Bauprozess und Lage der Wärmedämmung stehen ebenso wenig in direkter Beziehung zueinander, denn Rohbau, Dämmung und Bekleidung werden nicht durchgängig in dieser Reihenfolge erstellt. Wird bei der Innendämmung (B/C) von außen nach innen gebaut, also beginnend mit der Außenwand, und anschließend die Dämmung von innen direkt auf diese Außenwand appliziert, kann bei einer Ortbetonfassade mit Kerndämmung (E) entweder zuerst die Außenwand oder die Innenwand erstellt werden. Bei betonierten Gebäudehüllen mit Hinterlüftungsschicht (F/G) wird meist von innen nach außen gebaut.

Case Studies in 3D

Die untersuchten Bauten sind entsprechend dem Systemvergleich thematisch geordnet und in technischen Zeichnungen im Maßstab 1/10 und teilweise 1/1 dargestellt. Fotografien der entscheidenden konstruktiven Aspekte unterstützen die Lesbarkeit. In einem separaten Appendix sind Projektpläne 1/1000, Legenden zu den Detailplänen sowie Projektbeschreibungen enthalten, um sowohl spezifische Zusammenhänge innerhalb eines Projekts zu erschließen als auch die Vergleichbarkeit der Objekte untereinander zu fördern. Die Darstellung in einem fixen Maßstab, welche nur ein Buch leisten kann, schafft einen präzisen Bezug zum Bauwerk. Im Bestreben, die konstruktiven Mittel welche die Architekturwirkung erzielen, sowohl vollständig als auch korrekt abzubilden, wurde eine Vielzahl von Informationen aus spezialisierten und deshalb bewusst nicht umfassenden Unterlagen mit jeweils verschiedenen Adressaten zusammengetragen: Rohbaupläne, provisorische Details der Architekten, Unternehmerpläne für Fenster, Metallbau, Spengler, Schreiner etc. Diese wurden zu 3D-Plandokumenten zusammengeführt, welche in dieser Form auch für die involvierten Baufachleute neu sind. Die Darstellung wurde im Sinne einer besseren Vergleichbarkeit harmonisiert und die versetzten Schnittebenen gestatten nicht zuletzt auch einen Hinweis auf den Bauprozess.

Zusammenfassung

Bezugnehmend auf die eingangs gestellte Frage nach dem Zusammenwirken von Tragstruktur, Dämmung, Bekleidung und Bauablauf lassen sich stark vereinfachend drei Lösungsansätzte erkennen: Erstens wird das Verschmelzen von Tragstruktur und Hülle durch den Verzicht auf bauteiltrennende Wärmedämmschichten (A/B) angestrebt. Hier wird auf die physische Trennung von innen und außen unter Vereinfachung der bauphysikalischen Tatsachen verzichtet. Zweitens gibt es Versuche, die Aufgliederung des Gebäudes in innere Bauteile, Dämmung und äußere Bauteile zu negieren (C/D/E). Die Trennung von Innen- und Außenteilen wird dank der Verdoppelung der Schalen bei der Kerndämm-Bauweise überspielt, oder die nur scheinbar von innen nach außen durchgehend betonierten Bauteile sind z. B. mit Bauteilen aus einem Verbund von Stahl- und Wärmedämmung unsichtbar thermisch getrennt. Drittens werden die äußeren von den inneren Bauteilen konsequent abgelöst (F/G). Diese vollständige Trennung führt zu einer Autonomie der Außenschale, die zwar höchste technische Perfektion gestattet, jedoch besonders bei schweren Betonaußenschalen einen hohen konstruktiven Aufwand für die Materialisierung und Befestigung erfordert.

Unsere Recherchearbeit wurde durch die Projektautoren mit Plänen, Fotos und Erläuterungen unterstützt, wofür ihnen gedankt sei. Auch wurden wir auf zahlreiche andere Bauten oder künftige Technologien aufmerksam, welche sicher einer vertieften Auseinandersetzung wert gewesen wären, jedoch die hier präsentierte Systematik der Bauweisen nicht erweitert hätten. Mögen die hier gezeigten Objekte die Wertschätzung für die qualitätvolle und innovative schweizerische Betonarchitektur fördern, die nicht zuletzt Kraft aus der virtuosen konstruktiven, physischen Umsetzung schöpft – einer Fähigkeit, die Karl Friedrich Schinkel – auch für die heutige Zeit sehr treffend – im Jahr 1815 umschrieb: „Für das Urteil sind viele ausgebildet, für das Machen wenige. Deshalb muss die Meisterschaft geachtet werden.“[8]

Daniel Mettler (*1965) und Daniel Studer (*1962) sind Dozenten für Bautechnologie und Konstruktion (BUK) an der Architekturabteilung der ETH Zürich.

1 Hans Kollhoff, Über *Tektonik in der Baukunst*, Braunschweig 1998, S. 15.
2 Sacha Menz und Oliver Kriebus, *Mängel im Hochbau. Empfehlungen für Ausführende und Entscheidungsträger*, Zürich 2013, S. 19.
3 Pier Luigi Nervi, *Scienza o arte del costruire?*, Rom 1945, S.77.
4 Angelo Zoppet-Betschart, „Potenzial von Dämmbeton“, in: *architektur+technik*, 3 (2014), S. 64–66, hier S. 65.
5 Patrick Gartmann, „Das Potenzial von Dämmbeton“, Skript des Vortrags am 3. Schweizer Betonforum, 27.4.2009, S. 12ff.
6 Werner Sobek, „Zum Entwerfen im Leichtbau“, in: *Bauingenieur*, 70 (1995), S. 323–329.
7 Ebd.
8 Karl Friedrich Schinkel, „Memorandum“, 1815 zitiert in: ders., *Die preußische Provinz Sachsen*, hrsg. von Hans Junecke u. a., München 2014 (= Karl Friedrich Schinkel – Lebenswerk; Bd. XXII).

18 DAS SPIEL DER OBERFLÄCHE

PHILIPP SARASIN

Mein Arbeitsweg führt mich jeden Tag, an der Aula der Kantonsschule Rämibühl in Zürich vorbei, die große Freitreppe aus grob behauenen Natursteinstufen zwischen den Baukörpern hinauf, die 1971 von Eduard Neuenschwander in einen alten Park am unteren Zürichberg eingefügt wurde. Die Treppe führt an Betonwänden vorbei, die von Efeu überwuchert werden und die jeden Lärm, der von der Stadt her aufs Gelände dringen könnte, diskret verschlucken. Man hört Vögel. Das hoch aufragende, expressive Portal der Aula fällt auf dem Weg über die vielen Stufen sofort ins Auge, die übrigen Bauten des großen Schulhauses muss man zwischen den Bäumen beinahe suchen.

Als Neuenschwander 1960 den Gestaltungswettbewerb gewann, war die gerade erst vollendete Kantonsschule Freudenberg von Jacques Schader das maßgebende Vorbild gewesen: Zwei auf einer Platte frei stehende, orthogonal versetzte Baukörper mit streng gegliederten Fensterbändern – die Formensprache der klassischen Moderne. Neuenschwander, der sich an Le Corbusiers später „organischer" Moderne orientiert haben mag, hat allerdings bewusst die Vorgabe des Meisters missachtet, dass moderne Architektur in jedem Fall der Natur gegenüber mit dem souveränen Gestus der Zurückweisung aufzutreten habe. Die Betonarchitektur des Rämibühl, gerade auch das Portal zur Aula, hat das nicht nötig, sondern beweist – nicht zuletzt von Alvar Aaltos Formensprache und Architekturauffassung geprägt – ihre Souveränität gerade darin, mit der Natur einen Dialog zu suchen, sie einzubeziehen in die Gestaltung des Raums.

Tritt man näher, zeigt sich diese – nun, nennen wir es Sensibilität – bis in die Behandlung der Betonoberflächen hinein. Das schwungvolle Halbrund, das den Eingang der Aula markiert, ist nicht „sauber" verschalt worden, sondern durch eher grobe, etwa halbrunde Hölzer geformt, die den Nuten dazwischen eine sichtbare Präsenz gelassen haben – fast eine Körperlichkeit, eine haptisch greifbare Oberflächenstruktur. Sie beweist, wie feingliedrig Betonarchitektur wirken kann, auch wenn diese geschwungene Wand über fünf Meter in die Höhe ragt, den Baumwipfeln und der Sonne entgegen, um expressive Schatten auf den Weg vor ihr zu werfen.

Eines der vielen Geheimnisse der Betonarchitektur also ist genau das, was man von ihr *sieht*: ihre Oberfläche. Sie verbirgt zwar die komplexen Konstruktionen, die in diesem Band dokumentiert werden, aber es braucht vielleicht auch einen zweiten, genaueren Blick, um zu realisieren, dass die Betonoberfläche eine oft sehr subtil gestaltete „Hülle" ist, mit und in der der Baukörper für uns erst sichtbar wird. Vielleicht das reinste Gegenteil zur naturaffinen Gestaltung Neuenschwanders – und darin durchaus wieder an Jacques Schader erinnernd – ist die radikal minimalistisch gestaltete Feuerwache von Beat Consoni in Herisau. Die Wände wurden so sorgfältig geschalt, der Beton so fein gegossen und so poliert, dass er von der Seite beinahe glänzt, ohne dabei aber im Gesamteindruck „lackiert" zu wirken. Die Präzision, mit der diese monumentalen Rechtecke etwa an der Nordostwand aneinandergefügt wurden, um feine Nuten zu bilden, strahlt eine so ruhige Sicherheit aus, dass man unwillkürlich auch der Professionalität der Feuerwehrleute vertraut. Beton kann eine sehr freundliche Metapher sein.

Ich sage das bewusst – und gerade an diesem Beispiel –, weil Beton einem landläufigen Vorurteil gemäß „hässlich" ist. Ich weiß nicht, wann dieses Vorurteil aufkam; sicher aber ist, dass die durchschnittliche, profitorientierte und anonyme Betonarchitektur der 1970er-Jahre nicht nur tatsächlich hässlich sein konnte, sondern auch zum Synonym für ein als „kalt", zuweilen gar als „faschistisch" empfundenes „System" gemacht wurde. Das bunkerartige Hochsicherheitsgefängnis in Stuttgart-Stammheim, erbaut für die Gefangenen der „Roten Armee Fraktion", war dafür ebenso sprichwörtlich wie unzählige, x-beliebige Autobahnbrücken und Fußgängerunterführungen, die den Traum der Moderne, die Städte „autogerecht" zu gestalten, triste Realität werden ließen.

Davon sind die in diesem Band versammelten Beispiele neuer Betonarchitektur in der Schweiz weit entfernt. Sie sind vielmehr so selbstbewusst, dass sie das altbekannte Vorurteil geradezu zu zitieren scheinen, um es auf die Schippe zu nehmen. Das Schweizerische Nationalparkzentrum in Zernez von Valerio Olgiati ist mit Gusto ein „Klotz" – und doch sehr subtil gestaltet, zum Beispiel, indem die Oberfläche ein Ort für Anspielungen ist: Fenstergewände, die der mit Beton arbeitende Ingenieur nicht braucht, werden allein durch die Ausführung in einer späteren Betonieretappe wie ein Hauch angedeutet – gleichsam als augenzwinkerndes Spiel. Die Terrassenhäuser Bruggerberg in Brugg von KEN Architekten wiederum sind von einer Betonhülle eingefasst, die nichts anderes will als abweisend zu sein – und genau durch diese Oberfläche gegen außen ihre Funktion erfüllt. Sie schützt den Wohn- und Gartenraum dieser subtil übereinandergestapelten, von der Straße aus kaum einsehbaren Privathäuser als das, was er sein will – privat eben.

Aber auch die Villa Sandmeier von Lacroix Chessex Architekten, das mehrgeschossige Wohnhaus an der Neufrankengasse in Zürich von EM2N oder das Wohnhaus von Patrick Gartmann in Chur erscheinen bewusst „roh". Diese auf den ersten Blick vergleichsweise traditionellen, gewissermaßen „ehrlichen" Beispiele für die Gestaltung der Außenhülle von Betonkonstruktionen zeigen, so scheint es, aus was sie gemacht sind. Sie zelebrieren die Materialität des Betons geradezu. Dennoch ist die Annahme, man sehe von außen die „Wand", die das Gebäude „trägt", meist nur eine bewusst erzeugte Täuschung (nur beim Haus Gartmannn ist der einschichtige Dämmbeton tatsächlich tragend). Denn das, was wie die Wand wirkt, ist in der Regel nur die äußerste Schicht einer komplexen, vielschichtigen Lösung. Sie ist oft nur einfach „davorgehängt", als Hülle über eine Tragkonstruktion gelegt, deren innere Funktion sich in keiner Weise mehr von der äußeren Form des Gebäudes ablesen lässt. Die Form setzt sich über die Funktion hinweg – oder vielleicht genauer noch: Sie kann so tun, als sei sie „funktional", ohne es wirklich zu sein. Das gilt gerade auch für das Wohnhaus von Christian Kerez an der Forsterstraße in Zürich, das so erscheint, als würden von innen nach außen durchlaufende Bodenplatten und spärliche Wände neben viel Glas das Gebäude so tragen, wie man dies aus den Tagen der klassischen Moderne zu erwarten gelernt hat. Nun, eine schöne Illusion, die dank den technischen Möglichkeiten der Gegenwart die Erinnerung an längst vergangene CIAM-Zeiten erlaubt ...

Daran ist nichts zu kritisieren; vielmehr ist zu beobachten, wie die zuweilen extremen technischen Lösungen es dieser neuen Architektur ermöglichen, das Spiel der Oberflächen ganz unabhängig von den konstruktiven Notwendigkeiten zu gestalten. Dieses Spiel kann so weit getrieben werden, dass die vor die Konstruktion gesetzten platten- oder stelenartigen Elemente tatsächlich so tun, als würden sie einen tiefen Blick in die Konstruktion freigeben. Das ETH-Gebäude von Fawad Kazi an der Leonhardstraße in Zürich mit seiner betont „natürlich“ gestalteten Oberfläche und den deutlich strukturieren Linien ist dafür ebenso ein Beispiel wie die in aufwendiger Millimeter-Maßarbeit aneinandergefügten Fassadenelemente beim Wohnhochhaus Zölly am HB-Geleisefeld in Zürich von Meili Peter Architekten.

Überhaupt zeigen einige der in diesem Band versammelten Beispiele für zeitgenössische Betonarchitektur, dass diese in keiner Weise immer und zwingend als „Betonarchitektur“ erscheinen muss. Das Wohnhaus von Miller Maranta im Schwarzpark in Basel zeigt sich als ein vergleichsweise schmales, dunkel getöntes Raster oder Gitter, um in maximaler Weise die Transparenz und Farbigkeit der großen Fenster hervorzuheben. In ähnlicher Weise geschieht dies auch bei Peter Märklis Synthes-Hauptsitz in Solothurn, beim „Hohen Haus West“ von Loeliger Strub Architekten in Zürich oder beim Crédit-Suisse-Gebäude „Bel-Air“ in Genf von Buchner Bründler. Beton erlaubt es dank seiner konstruktiven Möglichkeiten, anderes an der Gebäudeoberfläche sichtbar werden zu lassen als nur die „Betonwand“. Der Siegeszug der großen Fensterflächen ist daher auch ein Sieg der sich beinahe immaterialisierenden Betonkonstruktion. Das zeigt das „Haus mit zwei Stützen“ von Christian Scheidegger in Wilen, wo die subtile Betonkonstruktion des Daches nur noch im Innenraum sichtbar wird.

Lediglich zwei Positionen der in diesem Band versammelten Beispiele neuer Schweizer Betonarchitektur fallen scheinbar ganz aus dem Rahmen dieser Überlegungen heraus. Beim Erweiterungsbau des Schweizerischen Nationalmuseums in Zürich von Christ Gantenbein Architekten ist die Oberfläche nicht roh, dafür aber die Form der hoch aufragenden Betonwände monumental und flächig. Wie soll man sie „verstehen“? Weil sie in ihrer Linienführung an eine „mittelalterliche“ Burg erinnern, sind diese Wände ein genauer und auch sehr zeitgenössischer Kommentar zum Baukörper des alten Landesmuseums von Gustav Gull aus dem Jahr 1898: Diese „mittelalterliche Schlossanlage“ aus Eisenbeton, an dem die Oberflächenelemente aller um 1900 erdenklichen Neo-Baustile hängen (in gewisser Hinsicht hat die Postmoderne schon sehr früh begonnen), wurde von Christ Gantenbein gleichsam wie ein Handschuh umgedreht, ihre verborgene Wirklichkeit nach außen gekehrt. Auf diese Weise nebeneinandergestellt, sagen die beiden Museumsbauten unisono: Beton kann alles.

Und genau dasselbe gibt schließlich auch das „Refugi Lieptgas“ in Flims von Nickisch Walder Architekten zu verstehen. Beton ist ein beliebig formbarer Stoff, der mimetisch die Gestalt jeder Schalung übernimmt – auch die Form eines Stalls, roh gefügt aus runden Hölzern. Das „Refugi“ erinnert mich daher ein wenig an die Betonwände, in die Eduard Neuenschwander die Aula des Rämibühl gehüllt hat. Sie zeigen, dass Beton nicht dazu da sein muss, in einem souveränen Gestus die Natur zurückzuweisen. Doch wenn Betonarchitektur als Konstruktion, als Eingriff in die gebaute Umgebung und in die Natur dies tut – und sie tut es meistens –, heißt das nicht, dass sie „brutal“ oder gar „hässlich“ sein muss. Ihre Oberflächen lassen so viel Spiel zu, wie menschliche Kreativität dies möglich macht.

Philipp Sarasin (*1956) ist Professor für Neuere Geschichte an der Universität Zürich.

Foto: Philipp Sarasin

19 LIEBE AUF DEN ERSTEN BLICK – DIE SCHWEIZER ARCHITEKTUR UND IHR BETON

CASPAR SCHÄRER

Bei mir war es der Geruch und die Kühle, die ausgeschalter Beton verströmt. Gerade an einem heißen Sommertag ist es erfrischend, in der aufgeheizten Stadt an einer Baustelle vorbeizuziehen, auf der gerade betoniert wird. Diese Sinneseindrücke berauschten mich derart, dass ich mich für ein Architekturstudium entschied. Andere haben einen analytischeren Zugang zum Beton und bewundern seine technischen Fähigkeiten. Wiederum andere schätzen ganz pragmatisch die vielen Möglichkeiten, die er ihnen bietet. Schließlich sind da natürlich all jene, die den Beton gar nicht mögen, ihn gar ins Pfefferland wünschen. Der Beton erlaubt so viele Zugänge wie kaum ein zweiter Baustoff – oder anders herum: Man kann auf vielfältige Art eine Beziehung zu ihm aufnehmen.

Später an der ETH Zürich wurde mir der Beton quasi in die Venen injiziert. Mir wurde beigebracht, nicht nur an ihm zu schnuppern, sondern ihn im Entwurf einzusetzen und sein architektonisches Potenzial auszuschöpfen. Und ganz nebenbei wurde ich einer intensiven Sehschule unterzogen: Ich hatte Beton schön zu finden, und bereits nach kurzer Zeit tat ich das tatsächlich. Ehrlich! Mir gingen die Augen auf, und nun sah ich die schönen Schalungsbilder, die mir zuvor völlig entgangen waren; dann die klaren Formen, die der Beton hervorbringt, wenn der Architekt, die Architektin ihn richtig einsetzt – und natürlich all die prächtigen Räume, gebildet von Betonwänden und -decken. Später lernte ich die verschiedenen Arten der Oberflächenbehandlung kennen, das Stocken, das Kratzen, das Sandstrahlen, das Lackieren und was es sonst noch alles gibt.

Vorbereitung und Kontrollverlust

Je mehr da hinzukam an Wissen und Erfahrung, desto deutlicher wurde: Beton alleine ist nichts, beziehungsweise er hat keine Eigenschaften. Beim Stahl und beim Holz ist eigentlich immer klar, was man damit macht, geschweige denn beim Backstein. Das Material bestimmt mehr oder weniger die Form und den Ausdruck. Eine ganze Reihe von Assoziationen sind mit jedem Material verbunden; es liegt dann am Architekten, der Architektin, diese adäquat „rüberzubringen". Dass dies mit heutigen Konstruktionsweisen und Anforderungen an Komfort und Energieeffizienz nicht mehr ganz so einfach ist, zeigt der Zürcher Architekt Philipp Esch in seinem Aufsatz „Die Tiefe der Oberfläche" in der Architekturzeitschrift werk, bauen + wohnen wunderbar auf.[1]

Esch schreibt von einem „Bedürfnis nach Kontinuität, Dauerhaftigkeit, Authentizität, nach Handwerklichkeit, Natürlichkeit – im Grunde genommen die Sehnsucht nach Gewissheit" – und beschreibt damit eine tiefenpsychologische Gefühlswelt, die im Zusammenhang mit Backstein sofort anklingt. Das „Pathos des Mauerwerks", so Esch weiter, habe es aber schwer, „wenn dieses nur noch vorgeblendet wird, wie es heute in unseren Breiten nahezu ausnahmslos der Fall ist". Im gleichen Dilemma steckt der Holzbau, dessen Material genauso warme Gefühle suggeriert und doch oft nur Fassadenverkleidung ist. Erst im Inneren offenbart sich der „wahre Charakter" eines Gebäudes und ob es sich dabei tatsächlich um einen Holzbau handelt.

Beim Beton hingegen ist die Gemengelage eine andere. Wenn außen Beton dran ist, dann ist in aller Regel auch Beton drin. Komplizierter hingegen ist die Frage nach der Authentizität, denn es gibt ja eben „den" Beton nicht. Beton muss erst „gedacht" und dann „gemacht" werden. Das heißt nichts weniger, als dass ihm sämtliche Eigenschaften in der Planung und Ausführung verliehen werden. Die Spannweite: Mit Beton kann man schön die Kräfte „spazieren führen", denn diese Kräfte wandern im Inneren herum. Und seit vorgespannte Stahltrossen eingelegt werden können, ist der Kräfteverlauf für Normalsterbliche sowieso nicht mehr nachvollziehbar. Der Bauingenieur des Vertrauens hilft dabei, die architektonisch perfekte Lösung auszurechnen. Um die Durchmesser und Lage all der Armierungseisen kümmert er sich zum Glück auch. Wir Architektinnen und Architekten haben mit dem Kies und Zement schon genug um die Ohren.

Die Schalung: Wer überlässt schon das Schalungsbild dem Zufall? Und wer es trotzdem tut, trifft ebenfalls eine Aussage. Bei Bedarf werden die Schalungsbretter und -elemente zusätzlich behandelt, um diesen oder jenen Effekt auf der Oberfläche des Betons hervorzurufen. Dann die Mischung: Es grenzt schon fast an Alchemie, mit welchen Chemikalien, Pülverchen und Farbpigmenten Beton „angereichert" wird. Unter Architekturbüros werden Mischungen wie Kochrezepte ausgetauscht, und dauernd probiert wieder jemand etwas Neues aus. Beton ist also noch längst nicht fertig „gedacht", wird es wohl nie sein.

So sehr sich die Architektinnen und Architekten im Vorfeld Gedanken über ihren Beton machen – es nützt alles nichts: Wenn auf der Baustelle die Schalung steht, in der rotierenden Trommel des Lastwagens die Mischung angerührt wird und die Bauarbeiter die graue Masse in die vorbereitete Form gießen, verteilen und vibrieren, dann stehen sie hilflos daneben und müssen zusehen. Sie können keinen Einfluss mehr auf den Prozess nehmen. Erst nach dem Ausschalen sehen sie das Ergebnis. Einigen mag das einerlei sein, andere hingegen müssen einen solchen Kontrollverlust erst einmal verdauen. Meistens kommt es ja gut, aber eben nicht immer. Obwohl der Beton gerne als „technischer" Baustoff bezeichnet wird, ist er immer wieder für eine Überraschung gut.

Material aus den ewigen Bergen

Woher aber kommt die Liebe der Schweizer Architektinnen und Architekten zum Beton? Wer sich in unserem kleinen Land umschaut, kann nicht übersehen, dass hier öfter und ausgiebiger Sichtbeton verwendet wird. Einfamilienhäuser, Schulhäuser, Rathäuser, überall Beton. Meist sind die Volumen scharf geschnitten – eine Mode zwar, jedoch eine lange anhaltende! –, die Schalungsbilder schön und die Oberflächenbehandlung vollkommen. Einiger Aufwand wird betrieben, damit der Sichtbeton so aussieht wie er sollte: schwer und unverrückbar, fast archaisch, gleichzeitig kühn und präzise. Da kommt so einiges zusammen, mit dem sich Schweizerinnen und Schweizer (nicht nur Architekturschaffende) sofort identifizieren können.

Harte Schale, weicher Kern: So sehen wir uns gerne. Wir mögen es, wenn etwas „verhebet", wenn es nicht gleich umfällt beim ersten Windstoß. Was symbolisiert diese Standhaftigkeit besser als der Beton? Außerdem braucht der Beton, so wie er heute „praktiziert" wird, viel technisches Know-how und handwerkliche Finesse. Auch das mögen wir: Dass man tüfteln muss, dass die Lösung nicht gleich vor der Haustüre liegt, dass man genau hinschauen muss, um die diskrete Sinnlichkeit der Oberflächenbehandlung zu erkennen – oder zu ertasten.

Außerdem haben Schweizer Architektinnen und Architekten reichlich Beton um sich herum, wohin sie sich auch bewegen im Land. Das fängt schon bei der Infrastruktur an, den Straßen und Eisenbahnlinien mit ihrem unersättlichen Bedarf an Stützmauern und Überwerfungsbauwerken, den Tausenden von Brücken und all den Tunnelkilometern, die mit vorgefertigten Tübbingen ausgekleidet werden, und dann natürlich die Staumauern, die mächtigen, die man einfach nur bestaunen kann. Richtige Beton-Aficionados haben bei sich zu Hause eine Kopie von Jean-Luc Godards Debutfilm *Opération béton* von 1954, in dem der damals 24-jährige Regisseur voller Ehrfurcht vom Bau der 285 Meter hohen Staumauer Grande Dixence in den Walliser Alpen berichtet. Sechs Millionen Kubikmeter Beton wurden für diese Gewichtsstaumauer vergossen, eine unfassbare Menge.

Erst der Beton hat unser Land zu dem befördert, was es heute ist. Er macht uns den Weg frei, versorgt uns mit Energie, schützt unsere Lebensräume und -adern vor den Launen der Natur. Zugleich ist er ein Produkt aus exakt der gleichen Natur – zumindest der Kies, den unsere Flüsse ohne Unterlass heranschwemmen. Diese Flüsse entspringen in den Bergen, unseren Bergen! Die Steine in den Flüssen gehörten mal zum Gebirge und wurden über Jahrhunderttausende abgeschliffen. Und so ist jede Sichtbetonwand ein kleines Stück Alpen und ein Bekenntnis zur Schweiz. Deshalb können wir es drehen und wenden wie wir wollen: Die Schweizer Architektur und der Beton sind glücklich verheiratet und die Beziehung wird bis auf Weiteres andauern.

1 Philipp Esch, „Die Tiefe der Oberfläche – Über das Dilemma der Authentizität", in: *werk, bauen + wohnen*, 3 (2015), S. 10–15.

Caspar Schärer (*1973), Architekt ETH/SIA, Journalist, Publizist und Dozent mit den Schwerpunkten Architektur, Städtebau und verwandte Disziplinen; seit 2017 Generalsekretär des Bund Schweizer Architekten BSA; 2008–2017 Redaktor bei der Architekturzeitschrift *werk, bauen + wohnen*, zahlreiche Publikationen, Buchbeiträge und Ausstellungen im In- und Ausland; Lehrtätigkeit seit 2010, unter anderem an der Hochschule Luzern HSLU und der Zürcher Hochschule für Angewandte Wissenschaften ZHAW; 2013–2017 Leiter des Seminars Architekturkritik an der ETH Zürich.

20 MODELLIERTES FORMSPIEL, VERBORGENES KRAFTSPIEL

MARIO RINKE

Wenn von der Vielseitigkeit und der Vielgestaltigkeit des Betons gesprochen wird, ist meist seine breite Palette an Ausdrucksmöglichkeiten gemeint, in der das Feingliedrige ebenso seinen Platz hat wie das Massige, das Kleinteilige genauso wie das Kontinuierliche usw. Für den tragenden Beton, der ja für diese Funktion unbedingt vom Stahl unterstützt wird, ist die Vielgestaltigkeit ähnlich charakteristisch, denn auch beim Stahlbetontragwerk steht das vielfache und verschiedenartige Tragen als Grundprinzip. Im Folgenden wird zunächst den Wurzeln dieses hybriden Materials nachgegangen, um anschließend die Formen des Tragens, die tragstrukturellen Wirksamkeiten im Inneren und Äußeren aufzuzeigen sowie ihre Zusammenhänge und Besonderheiten zu umreißen.

Stahl in den Beton von innen und außen

Die Idee, auf der Basis des Zements in verschiedenen Mischungen – teils als künstliches Steingemisch – einen Ersatzstoff zu entwickeln, geht bis auf antike Bautechniken zurück. Im 19. Jahrhundert vollzog sich jedoch eine Entwicklung, die für den Stahlbeton, wie wir ihn heute in seiner Verwendung kennen, eine wichtige Rolle spielte. Zur Erweiterung seiner Einsatzgebiete wurde der Beton zunehmend mit anderen Materialien gemischt. Eisen war zu jener Zeit weitverbreitet und somit ein leicht verfügbares und sehr gut bekanntes Baumaterial, das es in vielen verschiedenen Herstellungsformen gab. Das Zusammenspiel dieser beiden Materialien war nicht nur die Grundbedingung der kräftemäßigen Wirkungsweise des Stahlbetons, sondern auch prägend für das Konstruktionssystem, also wie und warum Elemente zueinanderkommen und sich verbinden. Diese Entwicklung der Materialverschränkung vollzog sich von innen und von außen her.

Häufig wurde ein bewehrter Mörtel zusammen mit einem eingelegten verstärkenden Gewebe verwendet. Der Ersatz von Behältern aus Terrakotta oder Ton durch einen eisenbewehrten Mörtel („ferciment") geht auf die Franzosen Joseph Louis Lambot (1814–1887) und Joseph Monier (1823–1906) zurück, die jeweils mit eigenen Rezepturen auf die Herstellung von kleinen robusten Gebrauchsgegenständen abzielten. Der Gärtner Monier und der Agrarökonom Lambot modellierten solche Gegenstände nach, denen der Beton mit seiner kontinuierlichen Oberfläche, mit seinem Wesen als Monolith entsprach: Töpfe, Gefäße, Rinnen oder Rohre.[1] Lambot zeigte 1855 auf der Pariser Weltausstellung ein Betonboot und patentierte im selben Jahr ein Konstruktionssystem zur „Kombination von Eisen und Zement [...] als Ersatzstoff von Konstruktionsholz"[2]. Nach zahlreichen eigenen Entwicklungen der Konstruktionsweise patentierte Monier seine Gefäßherstellung 1867, nachdem er sie auf der Weltausstellung in Paris gezeigt hatte.[3] Monier erweiterte im Grunde das Prinzip Lambots und drang über Zusatzpatente später in das Bauwesen vor, indem er Betonbalken, -decken und -brücken ähnlich konzipierte. Diese Bauart ist geprägt durch das Prinzip der bewehrten dünnen Betonschale, die kontinuierliche undurchlässige Wand, deren Wesen auf der Herstellungsweise beruht: Die Bewehrung wird nicht gezielt in den Beton eingebracht, um diesen örtlich zu verstärken, sondern die Mörtelmasse wird auf das Metallgewebe aufgetragen, um dieses vollständig zu umhüllen. Das Eisengewebe ist der Formträger, das sich als gleichmäßiges Gitter durch den Betonkörper zieht.[4] Die bessere Widerstandskraft des Betonobjekts wird nach Monier zunächst auch nicht durch die Lage der Eisenstäbe erlangt und beeinflusst, sondern durch die Mischung der Mörtelmasse. In seinen Patenten für weitere Bauteile wie Balken, Platten, Treppen usw. zeigt sich dasselbe Prinzip: die dichte gleichmäßige Durchdringung des Betonkörpers durch das Eisengewebe. Es entspricht heute unserem Verständnis einer

Grundbewehrung, der Mindestbewehrung, die das Betonbauteil in seiner Geometrie beschreibt und innerlich regelmäßig durchzieht. Sie sorgt für eine grundsätzliche Robustheit und ist bereits wirksam, wenn der Beton sich nach der Herstellung zusammenzieht (schwindet) oder sich unter dauerhafter Einwirkung verformt (kriecht). Gleichzeitig erlaubt sie jedoch eben auch Beanspruchungen, die über die eigentliche, ursprüngliche Nutzung bei dessen Herstellung hinausgehen, wie gelegentliche Stöße gegen Moniers Blumentöpfe.

Ebenso pragmatisch ist der Ansatz der Eisenverstärkung von außen.[5] Die einfache reine Betonplatte als Ersatz von Steinplatten[6] hat ihre Grenzen in der Spannweite von 1–2 Metern, je nach Dicke, ebenso die schlanken Betongewölbe, die eine häufige Alternative zu gemauerten Kappendecken waren. Zur Unterstützung der kurzen Kunststeinbauteile wurden regelmäßig parallele Stahlträger angeordnet, zwischen denen diese Segmente verliefen. Das entspricht im Grunde der traditionellen Holzbalkendecke, deren Balkenreihung durch das Eisenskelett übernommen wurde. Stahlträger und Betonbauteil werden häufig getrennt verwendet, vor allem zur Beschleunigung des Bauablaufs durch Vorfertigung. Aus Brandschutzgründen schieben sich diese Stahlträger dann zumindest teilweise in die Betondecke.[7] Der Beton dient bei den Stahlstützen zuerst als Schutzhülle, die mechanisch neben dem Tragelement verwendet wird.[8]

Diese zunächst pragmatische Kombination von Balken und Stützen mit Platten und Wänden aus verschiedenen Materialien überführte François Hennebique (1842–1921) wenig später erstmals in ein einheitliches Konstruktionssystem: Sein Patent von 1892 beschreibt Betonbalken und Platten, die kontinuierlich ineinander übergehen und in diesem Sinne ein monolithisches Skelett hervorbringen.[9] Wenige Jahre nach Moniers Patent zum Bau der Betongefäße verwendete er die Eiseneinlagen konsequenter, denn sie werden nunmehr als gezielte Verstärkung solcher Stellen im Skelett angewendet, die vor allem Zugbeanspruchungen ausgesetzt sind. In ihrer Kontinuität in den über alle Stützen hinweg durchlaufenden Balken werden die gezielt auf- und abgebogenen Eisenstäbe zu einem in die Betonmasse eingebrachten spezifisch ausgerichteten inneren Tragwerk. Die Kombination von Eisen und Beton etablierte Hennebique somit als konsistentes System und überschritt in dieser Anordnung die konstruktive Logik hin zu einem eigenständigen Baustoff, der schematisch direkt in der Baupraxis verwendet werden kann.[10] Durch seinen Pragmatismus als Bauunternehmer blieb er allerdings auf der Grenze stehen: Zwar gelang ihm die Überwindung der stofflichen Trennung von Eisenträger und Betonplatte in seinem System des platzierten Verstärkungsgewebes, bei dem „die Gesamtmasse aus Eisen und Beton an jeder Stelle des geformten Stückes den gewünschten Widerstand erhalten kann“[11]. Jedoch bezog er sich wie viele andere mit ihren Eisenbetonsystemen auf den „Ersatz der reinen Eisenelemente des Bauwesens“; es blieben Träger und Platte in der stofflichen Verschränkung formal erhalten. Die Bewehrungseisen als „inneres Tragwerk“ und „Formträger“ lassen sich von innen und außen lesen, jeweils als Moniers Prinzip der modellierten Form und Hennebiques Ansatz der konstruierten Form. Sie bilden auch für unseren heutigen Umgang mit dem Stahlbeton formale Denkkategorien.

Kontinuität des Materials und der Kräfte

Am deutlichsten tritt dieses Zusammenkommen von neuer Kontinuität des Beton-Eisen-Körpers und alter Linearität von Stabformen im sogenannten Plattenbalken hervor. Der Betonbalken verschmilzt mit der ihn durchdringenden (oder über ihn hinweg laufenden) Platte zu einem Bauteil, das gesamtheitlich wirkt und trägt. Und gerade hierin zeigt sich das grenzüberschreitende Prinzip des neuen Baustoffs, denn das Tragen und Lasten, das Kraftspiel der Bauteile Balken und Platte, verläuft nicht mehr diskret zwischen ihnen, sondern durch sie hindurch. Während zuvor noch die Betonplatte ihre Spannweite eigenständig überwindet und dann die eingesammelten Kräfte zu beiden Seiten an die Balken darunter weitergibt, während diese wiederum eigenständig bis zu deren Enden selbst zu tragen haben, trägt eine mit Rippen verstärkte Decke durch den gesamten Raum hindurch bzw. verlängern sich die tragenden Balken in die über sie befindlichen Deckenteile hinein. Bemerkenswert ist aber vor allem, wie Hennebique statt des homogenen Bewehrungsgewebes einzelne Eisenstäbe platzierte und daraus ein inneres Eisentragwerk konzipierte. Monier entwickelte seine Bewehrung als flächiges Gebilde in der Plattenebene, also in der und für die Form des flächigen Bauteils. Hennebique legte die Eisenbewehrung als Traggebilde senkrecht zur Bauteilfläche an; die zur vertikalen Wirkung ausgerichteten Stäbe orientieren sich dabei nicht an der Bauteilform, sondern sie werden in ihrer Anordnung nur durch dessen Volumen begrenzt. Dabei entsteht eine eigenständige innere Form, ein inneres Eisentragwerk, das mit einer eigenen Wirklogik in den Betonkörper eingeschrieben ist, um sich mit ihm räumlich zu verschränken. Hennebique baute die Bewehrung zur Verstärkung des Betons in der Logik eines eisernen Fachwerkträgers auf, bei dem die Bügel als vertikale Stränge eine entscheidende Rolle spielen. Da „die Scherkraft proportional zunimmt, je weiter man sich der Wand und dem Auflager nähert, führe ich den Stab nach oben", schrieb er in seiner Patentanmeldung 1898. Indem Bewehrungsstäbe kontinuierlich von der Oberseite zur Unterseite und von einem Feld ins nächste geführt werden, wird über die Versorgung von Zugzonen hinaus eine eigene Vorstellung des Tragens angelegt. Zusammen mit den vertikalen Bügeln, die wie „Zugstangen im Strebenwerk des Fachwerkträgers" wirken, bilden die diagonalen Eisen beim Auflager „ein Dreieck des Widerstands"[12]. Das Dreieck wirkt wie eine Konsole vom Auflager aus, was der Durchlaufwirkung des Trägers entspricht, und wurde als zusätzliches Tragwerk für die hohen Querkräfte eingefügt, neben den durchlaufenden horizontalen Eisen an der Trägerunterseite und den regelmäßig angeordneten Bügeln.[13]

Bewehrung als Verklammerung von Druckkräften

Die Bewehrungselemente sind so nicht prophylaktische Hilfsmaßnahmen in Bereichen, wo der Beton „hilflos" ist, sondern mit ihnen wird im Beton eine bestimmte Tragwirkung erzwungen. Die Ausbreitung von Kräften in Form von Druckstreben wird im Kunststein ganz selbstverständlich vollzogen, denn sie ist der direkteste, „natürlichste" Lasttransfer schlechthin; jede gemauerte Wand trägt Kräfte souverän ab, solange die Resultierende der einwirkenden Kräfte innerhalb des Materialquerschnitts bleibt. Der direkteste Abtrag von verteilten Lasten in der Steinplatte ist der Druckbogen, idealerweise mit einer Bewehrung an der Unterseite des Steins. Erhöht sich die Spannweite der Betonplatte oder des -trägers, kann der Bogen nicht mehr direkt durchlaufen, denn die Kraft in dem flachen Bogen wird dann zu groß. Mit der gegebenen Druckfestigkeit des Betons erreicht der Bogen nicht mehr sein Ziel und läuft vor der Wand ins „Leere", wo zuerst die typischen diagonalen Risse entstehen. Die vertikalen Bügel ziehen das Bogenende wieder nach oben, von wo aus er – möglicherweise mehrfach hintereinander nach oben gehängt – sein Abstützen Richtung Wand fortsetzen kann. Wie der Eisenstab an der Plattenunterseite, bieten die vertikalen oder auch diagonal verlaufenden Bewehrungselemente konkrete Anknüpfungspunkte, Landebahnen oder Verklammerungen der Druckstreben oder -bögen im Betonkörper. In diesem Sinne ist jedes Platzieren dieser Eisenstäbe ein ganz gezieltes Eingreifen in das Kraftspiel, indem Lastpfade gesteuert, ja bewusst umgelenkt werden können und müssen. Gerade wenn die Regelmäßigkeit von Betonbauteilen unterbrochen wird, beispielsweise wenn Öffnungen eingefügt oder außergewöhnliche Bauteilgeometrien realisiert werden müssen, zeigt sich die Handhabung des Kraftspiels als entwerferisch-technische Herausforderung.[14] Kraftspiel vor allem deshalb, weil es gerade in der sinnvollen Anlage aller Bewehrungselemente darauf ankommen kann, mit so – oder auch ganz anders – verlaufenden Kraftwegen Gleichgewichtszustände sicherzustellen. Diese mehrfachen Kraftkonstellationen sind typisch für den Stahlbeton, und die vorausschauende Anlage seiner Bestandteile kann für ein besonders robustes Tragwerk sorgen, falls in seiner Lebensdauer möglicherweise bauliche oder nutzungsmäßige Änderungen auftreten.[15]

Bauteilformen als Konstruktionsgedächtnis

Welche Form der Beton zeigt, hängt im Grunde natürlich – neben den Mitteln, die zur Verfügung stehen – davon ab, welche man ihm geben will.[16] Als synthetischer Baustoff weist er keine natürliche, keine ursprüngliche Form auf. Und anders als beim ebenso synthetischen Stahl und dessen hochkünstlichen Herstellungsbedingungen muss er nicht als industrielle Komponente vorgefertigt werden, sondern erhält seine tatsächliche Existenz meistens erst am Ort seiner Verbauung selbst. Die Organisation der Betonmasse als einzelne Bauteile und deren formale Kategorisierung als Platten, Gewölbe, Stützen, Balken oder Rahmen[17] ist dabei ganz willkürlich, denn allenfalls die flächigen Gebilde spiegeln die Herstellungsweise und die Kontinuität des Baustoffs wider, nicht aber die skelettartigen. Die stabförmigen Betonbauteile verweisen auf diejenigen Konstruktionselemente, deren Ersatz sie als vermeintlich bessere Variante waren: Stahlträger und Holzbalken.[18]

Zwei Steuerungsebenen

Obgleich die Varianten zur Ausformung der Bauteilgeometrie zahlreich sind und schon Hennebique in seinem grundlegenden Patent eine trapezförmige Rippe als „rationalere“ Form vorschlägt, da sie „voutenförmig eine Durchlaufwirkung“ begünstigt[19], bleibt die Verstärkung der Betonplatte meistens eine rechteckige Balkenform. Aber gerade in dieser grundlegenden und für den Stahlbeton ganz wesentlichen Eigenart der vielseitig modellierbaren Tragfähigkeit wird das komplexe Wesen des Baustoffs deutlich. Was im Holzbau etwa durch das aussteifende Kopfband und im Eisenbau durch die Voute konstruktiv ermöglicht wird, also durch das Ergänzen mindestens eines zusätzlichen Konstruktionselements, kann im Eisenbetonbau ganz im Sinne der Herstellung entsprechend der gewünschten Aufweitung des Querschnitts genauso geschalt und gegossen werden. Die biegesteife Ecke des Eisenbetonrahmens ist also lediglich die besondere Form des sonst im ganzen Element vorhandenen Querschnitts – so wie sich oft am Rahmenende zum Auflager hin der Querschnitt verschlankt.[20] Die Rahmenecke oder die Rippe in der Decke kann daher durch die dem Beton inhärente Notwendigkeit des Modellierens ganz selbstverständlich in das Formungskonzept der zu bestimmenden Bauteile eingearbeitet werden und wird so zu einem idealtypischen Konstruktionsfall des Eisenbetons.

Die Ausformung, beispielsweise als Aufweitung in der Rahmenecke oder als Rippe bei einem Plattenbalken, bewirkt eine zusätzliche geometrische Steifigkeit, ganz so, wie das profilierte Eisen aus dem Walzwerk für eine bestimmte Richtung eine höhere Steifigkeit erlangt. Dieses einfache konstruktive Konzept verschafft dem Bauteil einen anisotropen Charakter, zumeist ausgebildet als Widerstand in Richtung der vertikalen Lasten.

Die präzise gesteuerte Beschaffenheit des Materials durch das Kombinieren mit dem Eisen führt zu einer noch gezielteren Zusammensetzung durch das geometrische Arrangieren der Komponenten; durch die eingefügten Eisenstäbe wird die industrielle Homogenität des Gesamtmaterials zwar wieder verlassen, jedoch mit der beliebig definierbaren Position der Einlagen eine noch höhere Steuerbarkeit der Tragfähigkeit des Materials erreicht. Diese gezielt beeinflusste Anordnung der Eisenstäbe bewirkt in der Folge allerdings, dass der daraufhin konstruierte Eisenbeton für eine spezielle Belastungssituation ausgelegt ist. Er besitzt für verschiedene Richtungen unterschiedliche Festigkeiten und ist aus diesem Grund, eben weil dies ein Wesensmerkmal ist, generell als anisotrop zu bezeichnen. Durch die Steuerung innerhalb des Querschnitts wird dieser Charakter hier innere Anisotropie genannt. Die durch die äußere Form gesteuerte Steifigkeit, welche gezielt eine Anisotropie für das Bauteil verursacht, kann demnach als äußere Anisotropie bezeichnet werden. Die Steuerung im Materialkörper selbst nur mithilfe verborgener Eiseneinlagen, also ohne das Bauteil nach außen hin sichtbar zu verformen, ermöglicht eine Entkopplung von Tragwirkung und äußerlicher Erscheinung. Die Formdominanz anderer Baustoffe, beispielsweise die fast zwanghafte Zurschaustellung des Traggerippes im Eisenbau, kann im Eisenbeton in die Ebene des inneren Tragwerks zurückgedrängt werden.[21]

Konstruktion als Projektionsmedium

Abseits des Aspekts des Verkleidens, bei dem den rein konstruktiven Gliedern eine weitere umhüllende Schicht hinzugefügt wird, ist dem Stahlbeton ein Gestaltungs- und Vermittlungspotenzial inhärent.[22] Trotz der vollen strukturellen Wirksamkeit kann im äußeren Erscheinungsbild eine spezifische Anpassung herbeigeführt werden, und umgekehrt können für ganz verschiedene gewünschte Erscheinungen ganz gleichartige strukturelle Wirkungsweisen ermöglicht werden.[23] Damit sind Ansprüche der strukturellen Einfachheit und Direktheit sowie Bedürfnisse der Verkleidung und Vermittlung zusammengeführt, indem der nackte Strukturkörper mit seinem natürlichen Charakter der überzähligen statischen Wirksamkeiten an sich gestaltbar ist.

Die modellierte Materialmasse, die im modernen Konstruktionsverständnis das vorgedachte und auf den Problemfall angepasste mechanische Modell materialisiert sowie im architektonischen Verständnis eine Formalisierung und Gestaltung ermöglicht, ist das Projektionsmedium des konkreten Konstruktionsdenkens. In ihr bilden sich stoffliche Umformungen als permanente Konstruktionsanpassung, mechanische Modellvorstellungen als zunehmende Idealisierung sowie eine architektonische Ausgestaltung zur Integration in einen formalen Kontext gemeinschaftlich ab.[24] Eine gewisse Mehrdeutigkeit und das Vielfache sind dabei ganz wesentlich, ja das leitende Prinzip. Und in diesem Sinne kann die Sphäre des Stahlbetons schließlich sogar erweitert werden zu einem möglichen sozialen Raum: Eine Projektionsfläche, wie hier eingehend gezeigt wurde, ist er auch immer für mehrere Planer zugleich. So kann er insgesamt auch verstanden werden als ein Begegnungsraum von Denkbereichen und Disziplinen.

Mario Rinke (*1979), Bauingenieur TU, seit 2011 Dozent am Departement Architektur der ETH Zürich und seit 2009 an der Hochschule Luzern. 2013 Promotion an der ETH Zürich und eigenes Bauingenieurbüro in Zürich. Seit 2015 Oberassistent bei Prof. Schwartz am Dep. Architektur der ETH Zürich. Zahlreiche Veröffentlichungen im Spannungsfeld von Architektur, Konstruktion und Baugeschichte. Peer Reviewer einiger Zeitschriften zur Konstruktion und Gründungsmitglied und Generalsekretär der International Association of Structures and Architecture.

1 Zur Geschichte des frühen Eisenbetons siehe beispielsweise: Günter Huberti, „Die erneuerte Bauweise“, in: Ders. (Hrsg.), *Vom Caementum zum Spannbeton*, Bd. 1, Wiesbaden/Berlin 1964; Frank Newby, „Early Reinforced Concrete“, in: Joyce M. Brown (Hrsg.), *Studies in the History of Civil Engineering*, Bd. XI, Aldershot 2001; Tullia Iori, *Il cemento armato in Italia dalle origini alla seconda guerra mondiale*, Rom 2001; Jean-Louis Bosc u. a., *Joseph Monier et la naissance du ciment armé*, Paris 2001; Cyrille Simonnet, *Le béton. Histoire d'un matériau*, Marseille 2005.

2 Französisches Patent Nr. 22120, Combinaison de fer et ciment destiné a remplacer le bois dit fer ciment succédané du bois de construction; Übers. MR.

3 Französisches Patent No. 77165, Système de caisses-bassins mobiles en fer et ciment applicables à l'horticulture.

4 Diese Konstruktionstechnik wird später von Pier Luigi Nervi aufgegriffen und in seinem „ferro-cemento“ weiterentwickelt. Vgl. dazu Claudio Greco, „The ‚ferro-cemento' of Pier Luigi Nervi. The new material and the first experimental Building“, in: *Spatial structures: heritage, present and future. Proceedings of the IASS International Symposium, June 5–9, Milano, Italia*, Padua 1995, S. 309–316.

5 Peter Collins bespricht die frühe Verwendung von versteckten Eisentragwerken in Steinbauten und die verschiedenen frühen Ansätze von Verstärkungsmaßnahmen des neuen Betons, vgl. Peter Collins, *Concrete. The vision of a new architecture*, Montréal 2004, S. 19–24, 36–75.

6 Vgl. Emil Mörsch, *Der Eisenbetonbau. Seine Anwendung und Theorie*, Stuttgart 1902, S. 20.

7 Frank Newby, *Early reinforced concrete*, London 2001.

8 David Yeomans verfolgt die Entwicklung der Betondecke im Zusammenspiel des Stahltragwerks, vgl. David Yeomans, „The evolution of concrete floors“, in: *L'architrave le plancher la plateforme. Nouvelle histoire de la construction sous la direction de Roberto Gargiani*, Lausanne 2012, S. 553–656. Zur Entwicklung des daraus hervorgegangenen Stahl-Beton-Verbundbaus vgl. Eberhard Pelke und Karl-Eugen Kurrer, „Zur Entwicklungsgeschichte des Stahlverbundbaus“, in: *Stahlbau*, 85 (2016), S. 764–780.

9 Eine der frühesten Anwendungen Hennebiques war die Ummantelung von Stahlstützen aus Brandschutzgründen, vgl. David Billington, *Der Turm und die Brücke. Die neue Kunst des Ingenieurbaus*, 1983, S. 136; und François Hennebique, „Troisième congrès du Béton de Ciment Armé“, in: *Le Béton Armé*, 1 (1899), 11, S. 1–5.

10 Hennebique errichtete ein internationales Netzwerk von lizensierten Unternehmern, die Berechnung und Ausführung übernahmen, vgl. Gwenaël Delhumeau, *Le béton en représentation. La mémoire photographique de l'entreprise Hennebique, 1890–1930*, Paris 1997; und Gwenaël Delhumeau, *L'invention du béton armé. Hennebique 1890–1914*, Paris 1999.

11 Hennebiques Patent zum „System Hennebique“, hier das Patent für Großbritannien 30143 Improvements in the Construction of Joists, Girders and the like of Cement Strengthened with Iron or the like, 1898; Übers. MR.

12 Francois Hennebique, Improvements in the Construction of Joists, Girders and the like of Cement Strengthened with Iron or the like, UK Patent 30143, 12. Februar 1898, S. 1–2.

13 Hennebique schlug in seinen frühen Patenten im Sinne seines Modells der fachwerkartigen Kraftübertragung selbst in den Betonplatten Bügel vor, die dann später jedoch bei der Anwendung zunehmend weniger eine Rolle spielten.

14 Den komplexen, konsistenten und dabei äußerst kreativen Zusammenhang zwischen Kraftkonstellationen und Tragwerksentwurf zeigt Aurelio Muttoni sehr anschaulich anhand der grafischen Statik in einem Lehrbuch auf, vgl. Aurelio Muttoni, *The art of structures. Introduction to the functioning of structures in architecture*, Lausanne 2011.

15 Die Plastizitätstheorie ermöglicht die Betrachtung von Kraftkonstellationen und deren Manipulation ganz im Sinne des Baustoffs Stahlbeton, vgl. dazu Aurelio Muttoni, *Die Anwendbarkeit der Plastizitätstheorie in der Bemessung von Stahlbeton*, Basel 1990, oder auch Ders., Bruno Thürlimann und Joseph Schwartz, *Bemessung von Betontragwerken mit Spannungsfeldern*, Basel 1997.

16 Andrea Deplazes weist auf die Wechselwirkung zwischen Schalung und gegossener Steinmasse sowie die Vermischung formaler Gesetzmäßigkeiten des Stein- und Holzbaus hin, vgl. Andrea Deplazes, „Die Metaphysik des Sichtbetons“, in: Ders. (Hrsg.), *Architektur konstruieren. Vom Rohmaterial zum Bauwerk. Ein Handbuch*, 4. Aufl., Basel 2013, S. 57–60.

17 Emil Mörsch ordnet diese Elemente dann auch in seiner ersten wissenschaftlichen Abfassung zum Konstruktionsmaterial als Basis ein, vgl. Emil Mörsch, *Der Betoneisenbau. Seine Anwendung und Theorie*, Stuttgart 1902, S. 6.

18 Zur Vermittlung des frühen Eisenbetons innerhalb der Baumaterialien vgl. Mario Rinke und Toni Kotnik, „Der entfesselte Baustoff. Zur Rezeption des frühen Eisenbetons und seiner Konstruktionsspezifik“, in: *Beton- und Stahlbetonbau*, 107 (2012), 9, S. 635–644.

19 François Hennebique, Poutre légère et de grande résistance en béton de ciment avec barres de fer noyées, Schweizer Patent 6533, 21. Februar 1893.

20 Bezeichnend ist auch die Konstruktionsform des Betongelenks, bei dem der Querschnitt verschlankt und die außenliegenden Bewehrungsstäbe nach innen auf einen Punkt zusammengeführt werden. Das Betongelenk ist u. a. Ausdruck der dominanten modellhaften, typologischen Denkweise, die sich vor allem im Stahlbau manifestiert hat. Für die bessere Berechenbarkeit wird das Tragwerk als statisch bestimmte Struktur eingerichtet und in diesem Sinne werden Gelenke eingefügt.

21 Sigfried Giedion beschreibt das euphorisch und bildhaft: „In letzter Zeit gelang es sogar, die Balken – diesen Restbestandteil der Holzkonstruktion – verschwinden zu lassen: Unterzugslose Decken! Die Wirkungskraft der Eisen strahlt, fast wie ein magnetisches Feld, über ihre körperliche Reichweite im Beton weiter [...].“ Sigfried Giedion, *Bauen in Frankreich. Bauen in Eisen. Bauen in Eisenbeton*, Berlin 2000, S. 6.

22 Adrian Forty hat eine bemerkenswerte Studie zur Materialkultur des Betons vorgelegt, in der er anmerkt, es sei „nützlicher, sich den Beton statt als ein Material als ein Medium vorzustellen“, das man dann historisieren könne, vgl. Adrian Forty, *Concrete and culture. A material history*, London 2013, S. 10.

23 Gerade innerhalb der Formkonzeption des Betons wird häufig Aristoteles' Hylemorphismus diskutiert, der den Zusammenhang von Stoff und Form beschreibt. Eine anschauliche Übersicht zum Prinzip des Hylemorphismus und neueren, daraus hervorgegangenen Konzepten in Handwerk und Architektur finden sich bei Tim Ingold, *Making. Anthropology, archaeology, art and architecture*, London 2013, S. 22–31.

24 Aus der zunehmenden Auflösung der strengen Abhängigkeit zwischen Materialbedingungen und konstruktiver Erscheinung im Verlauf der Industrialisierung der Baustoffe wurde – im Zusammenhang mit anderen damit zusammenhängenden Phänomenen aus der Wissenschaft – das Konzept der Entkontextualisierung entwickelt, vgl. Mario Rinke, *Vom Konstrukt zum Typus. Der Wandel der strukturellen Form von Tragwerken im 18. und 19. Jahrhundert*, Berlin 2016, S. 172.

21 PROJEKTE 1:1000

01 REFUGI LIEPTGAS FLIMS

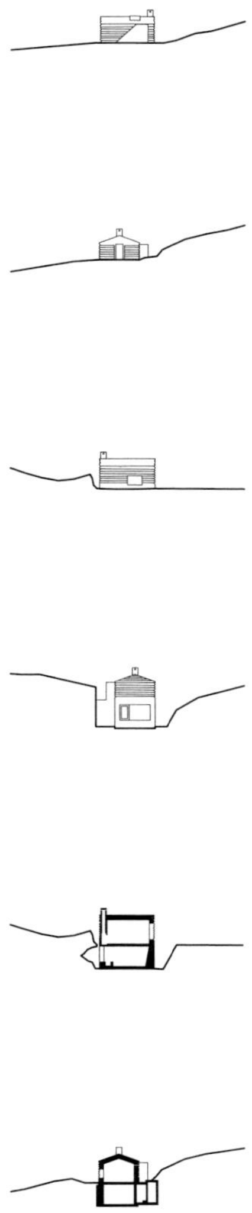

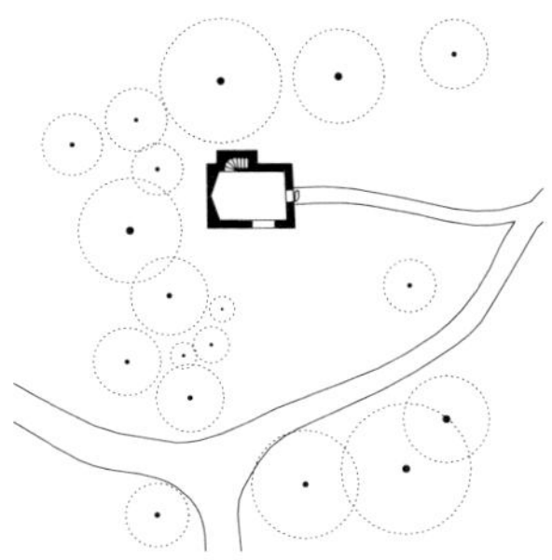

EG

UG

02 SCHWEIZERISCHES NATIONALPARKZENTRUM ZERNEZ

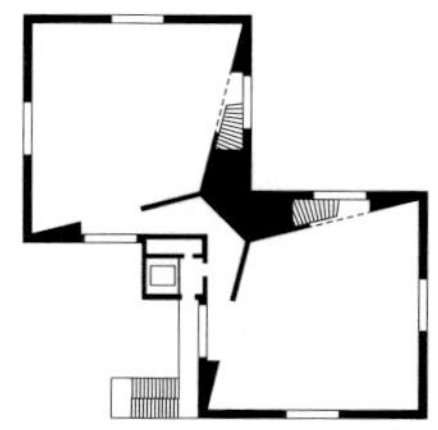

2.OG

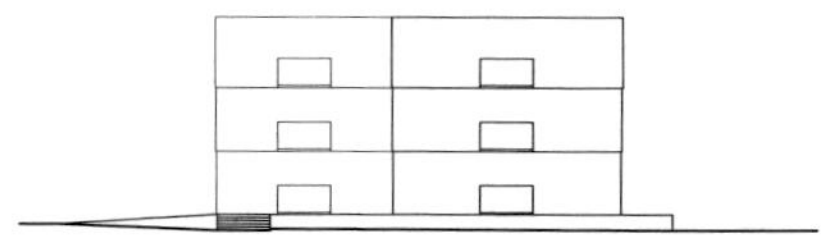

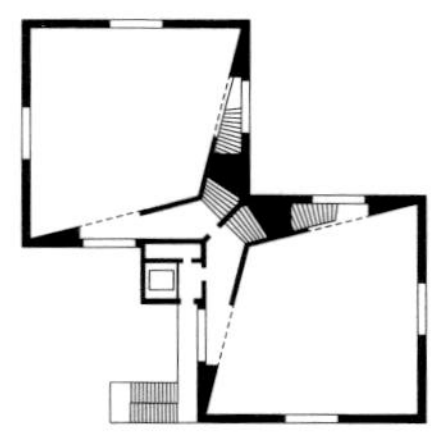

1.OG

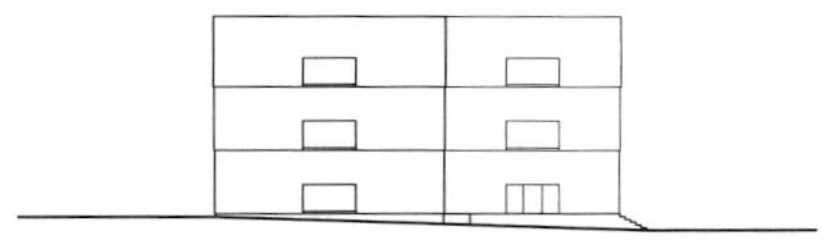

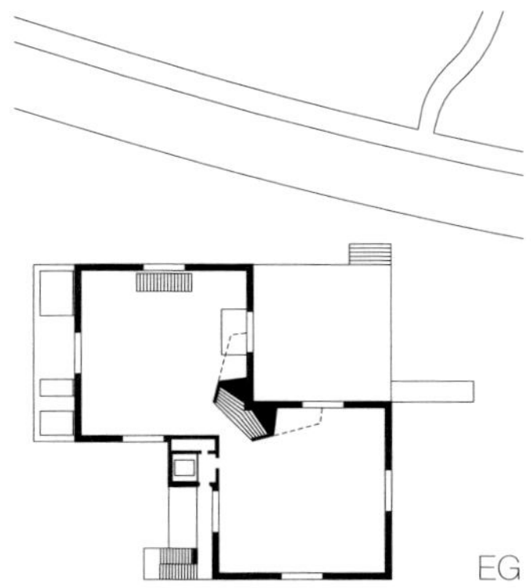

EG

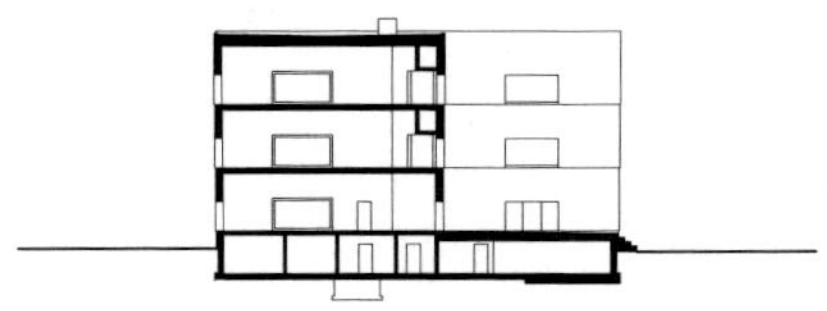

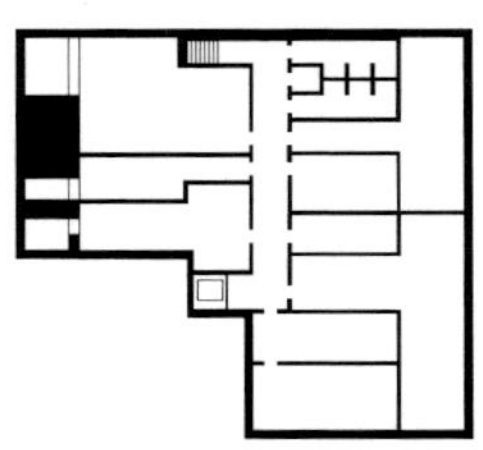

UG

03 HAUS GARTMANN CHUR

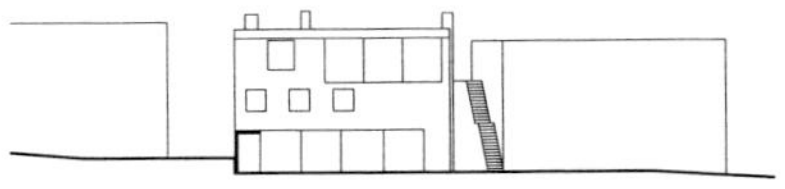

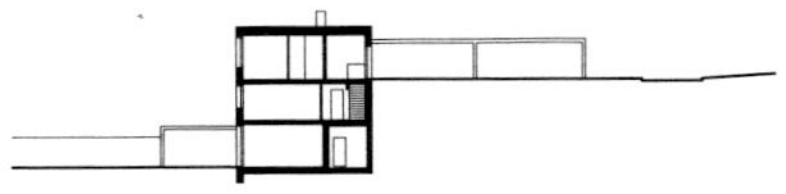

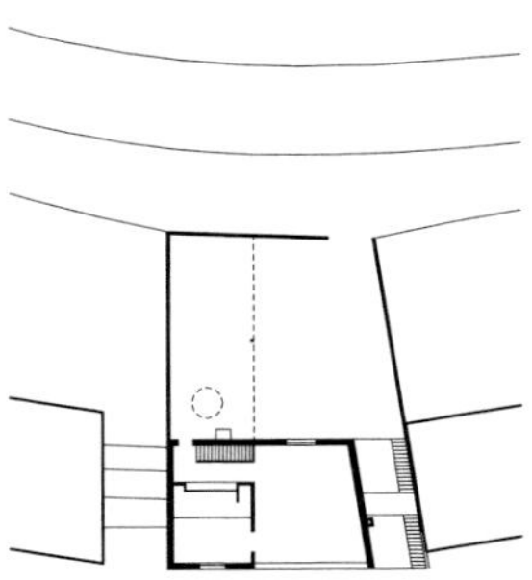

2.OG

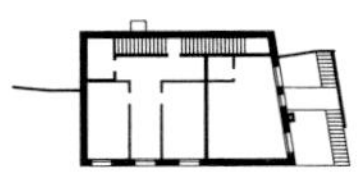

1.OG

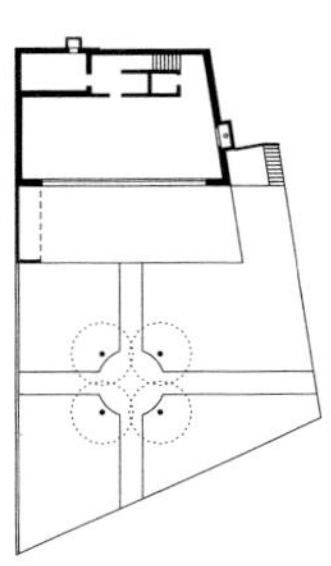

EG

04 BRUGGERBERG BRUGG

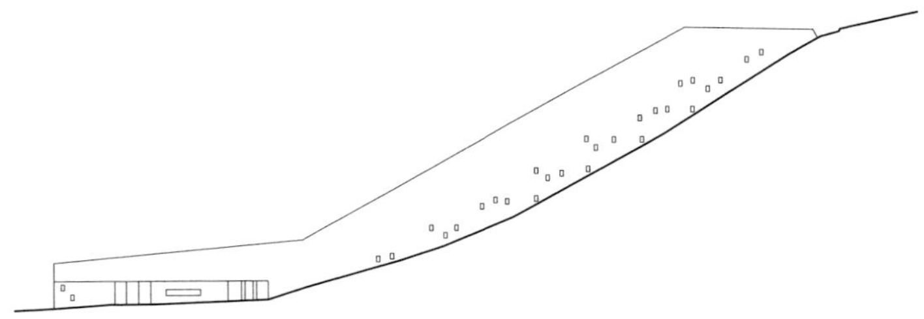

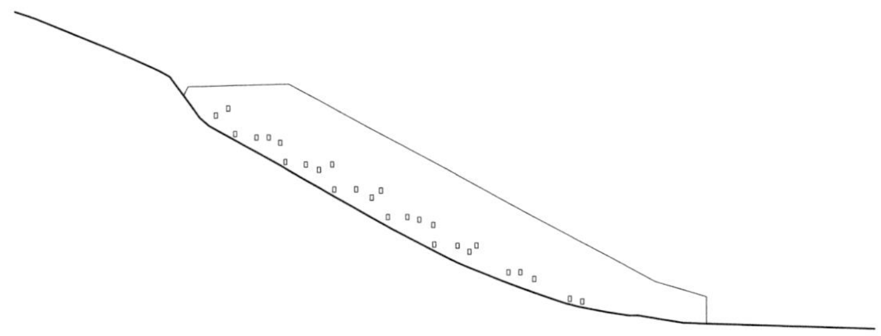

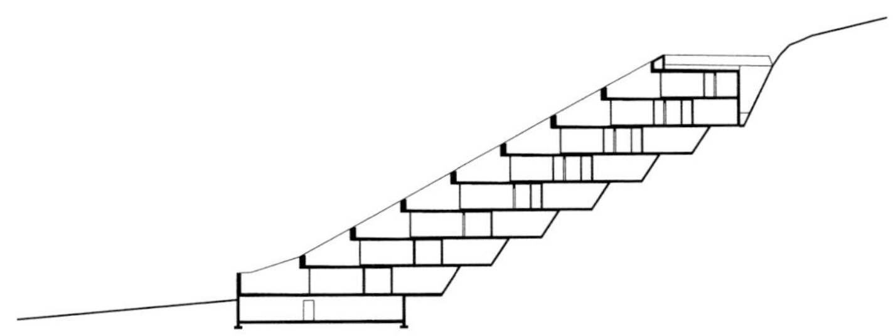

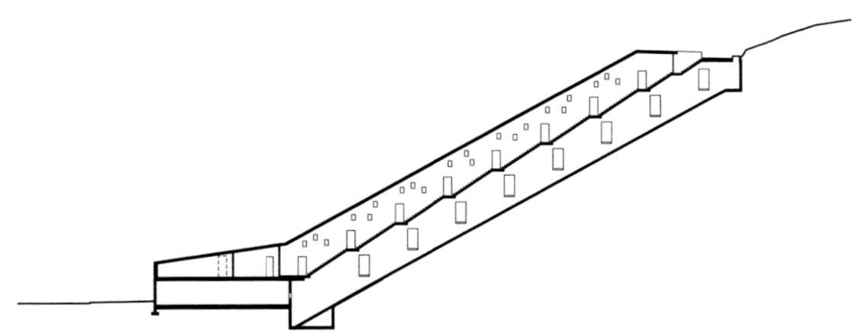

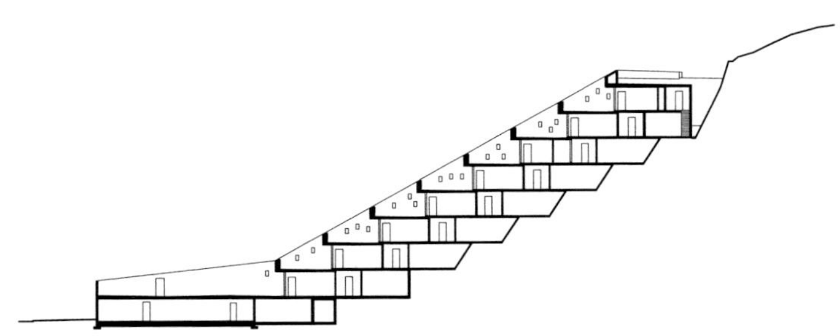

05 HAUS SANDMEIER VEYRIER

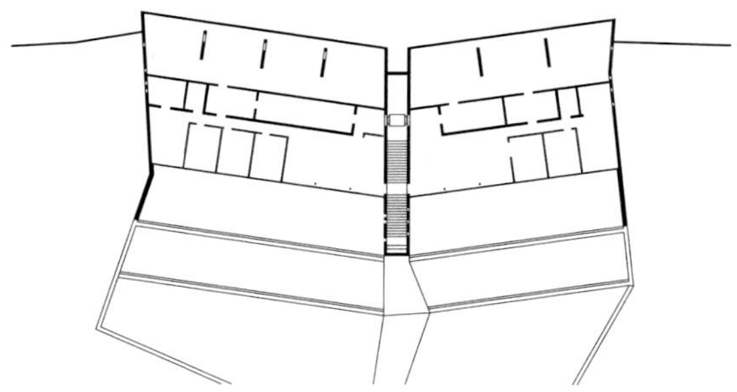

3.OG

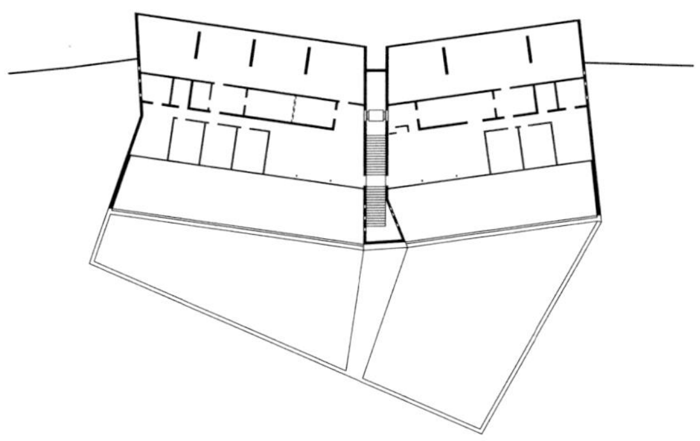

2.OG

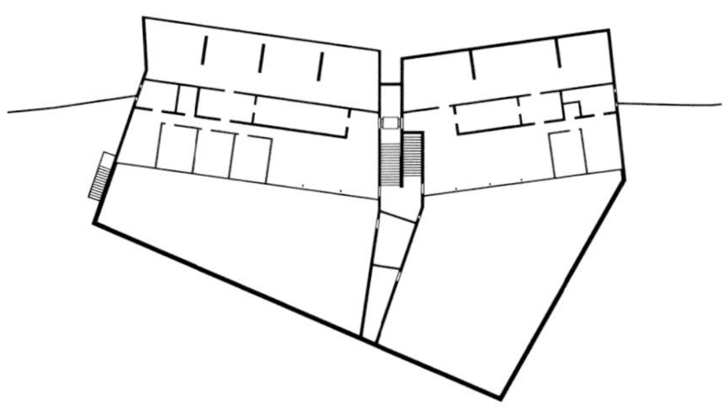

1.OG

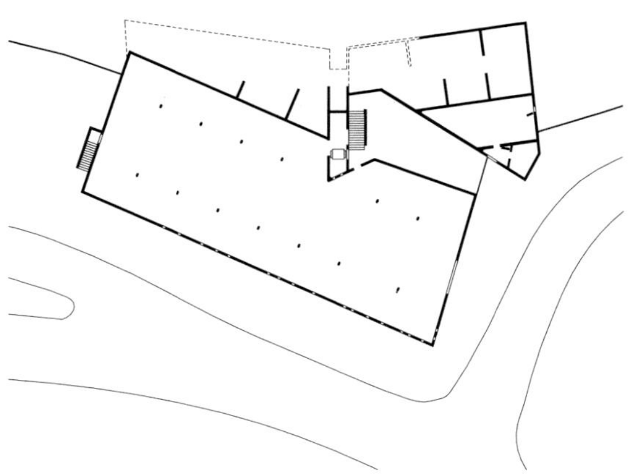

EG

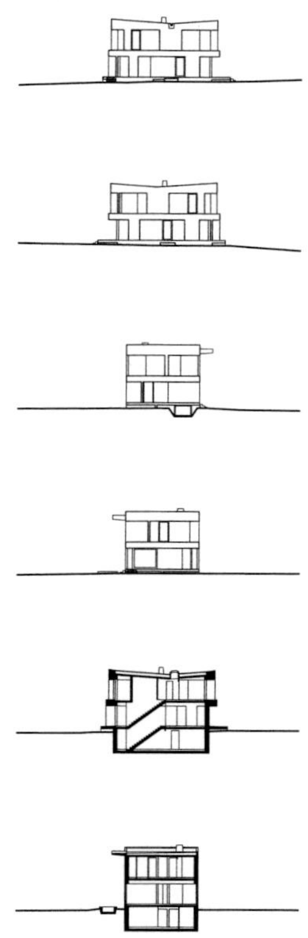

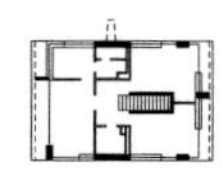

1.OG

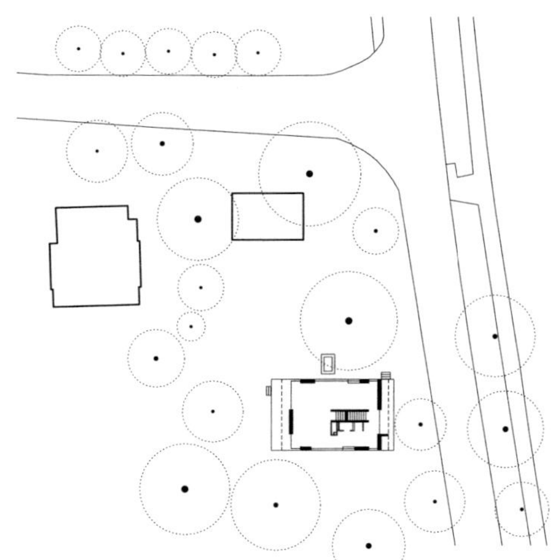

EG

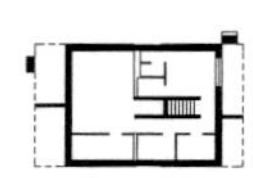

UG

06 WOHNHAUS NEUFRANKENGASSE ZÜRICH

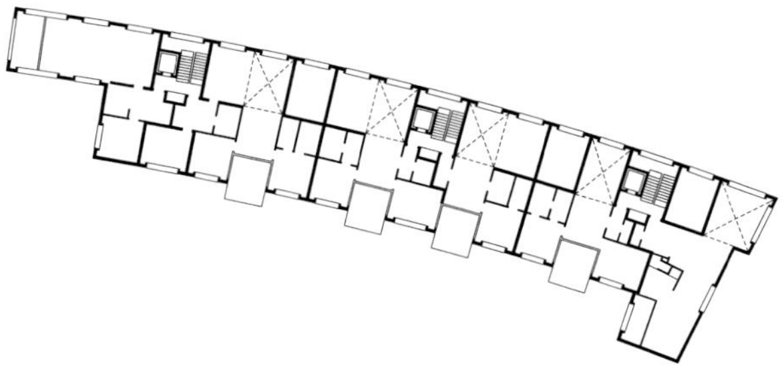

2.OG

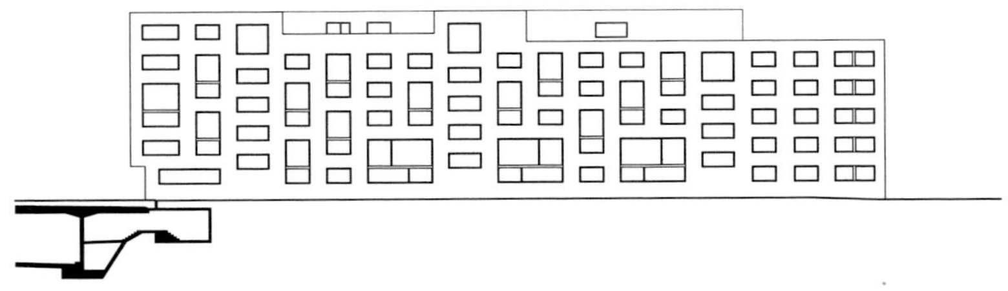

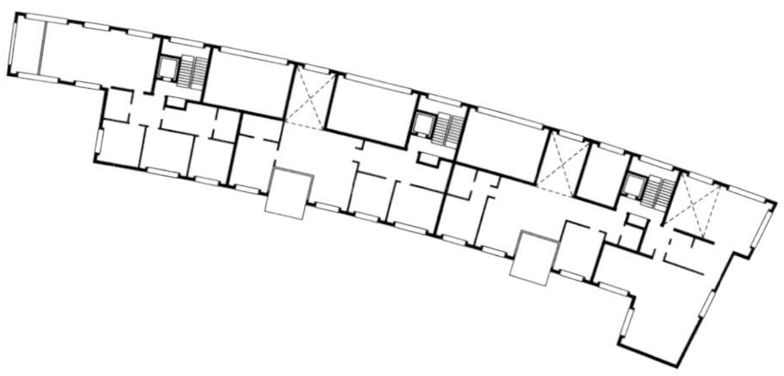

1.OG

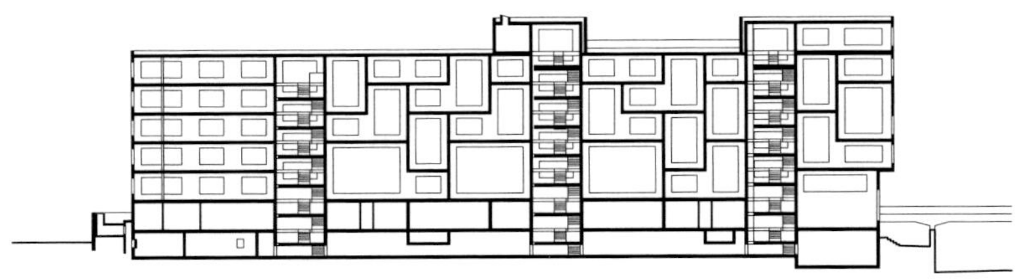

EG

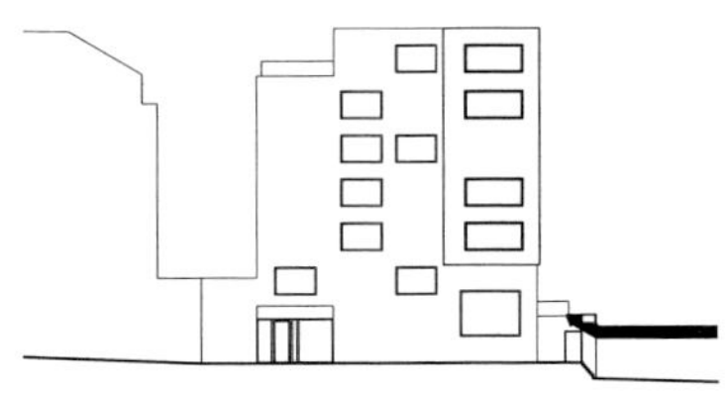

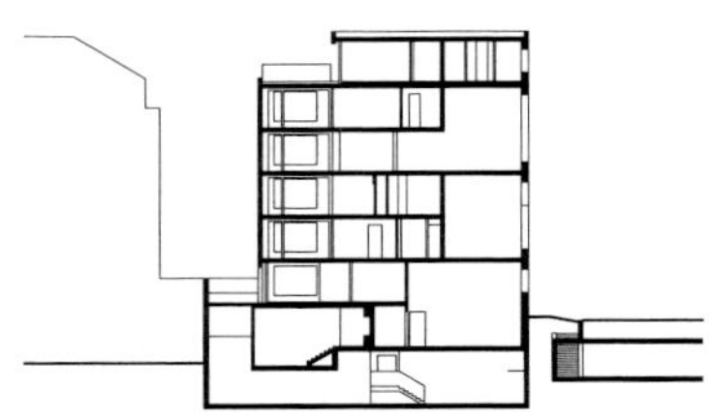

07 WOHNHAUS SCHWARZPARK BASEL

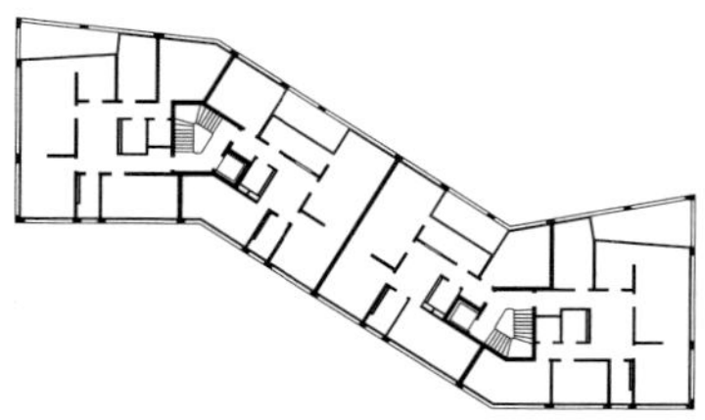

OG

EG

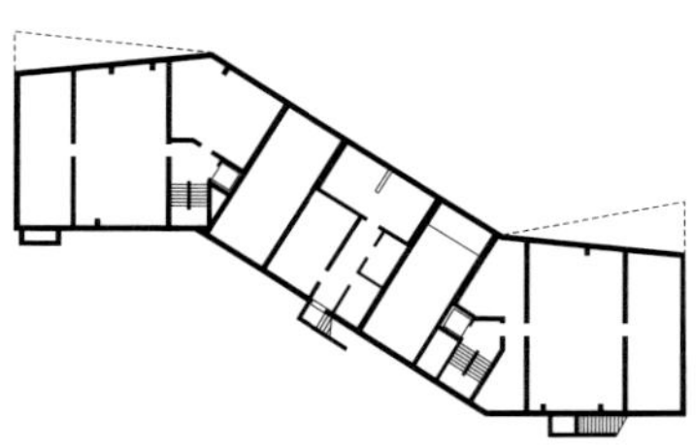

1.UG

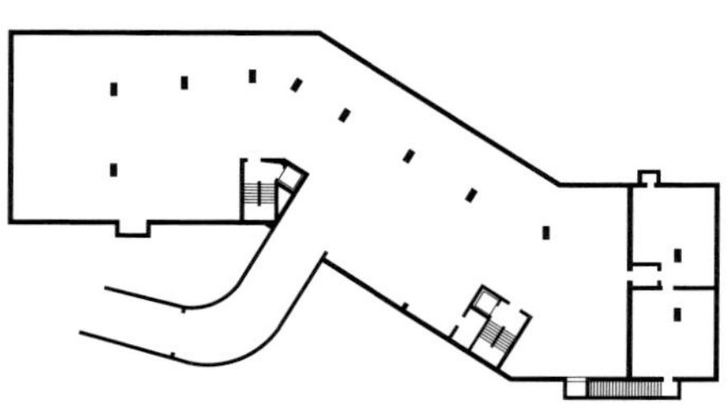

2.UG

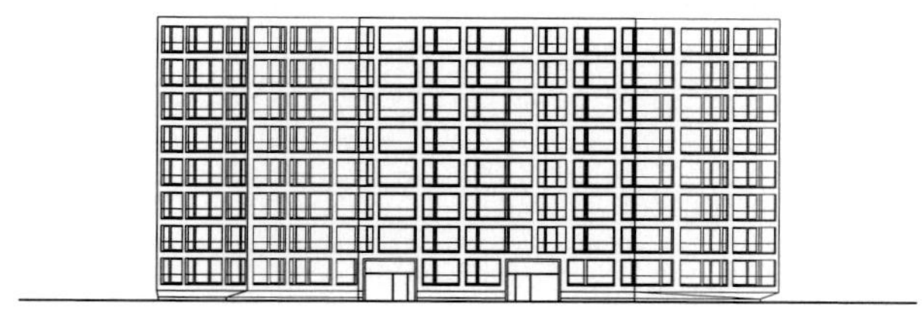

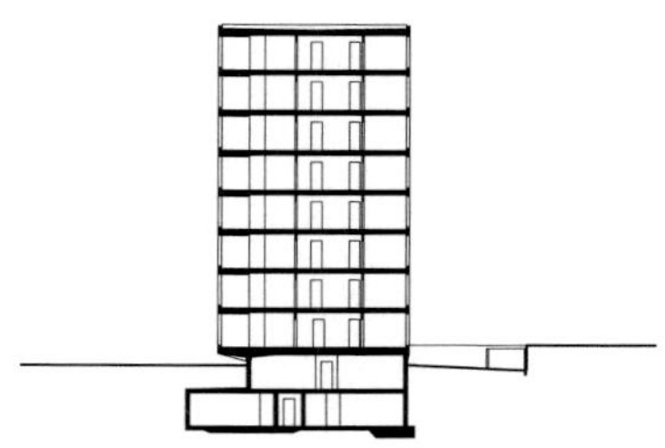

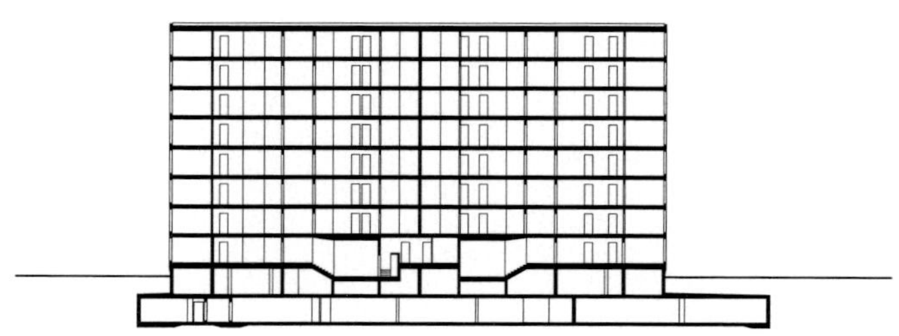

08 MEHRFAMILIENHAUS FORSTERSTRASSE ZÜRICH

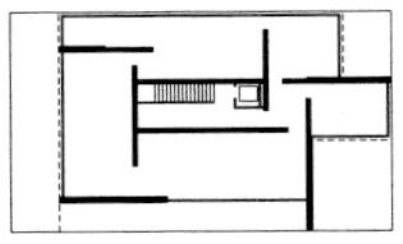

DG

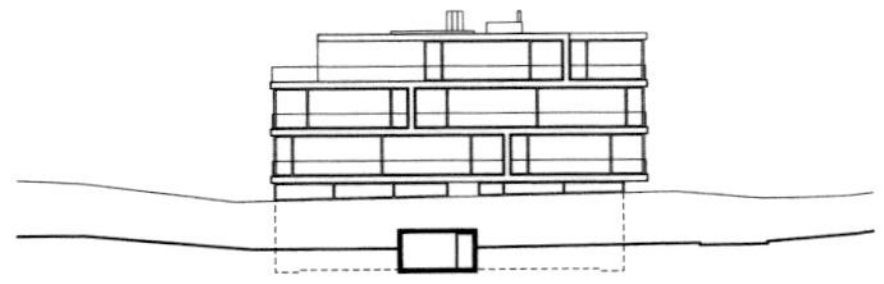

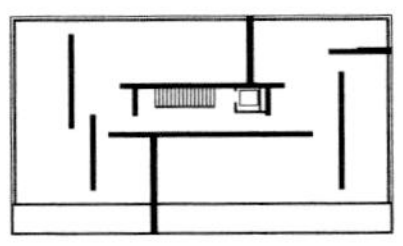

2.OG

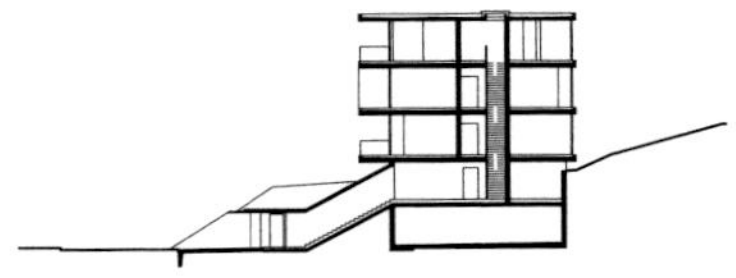

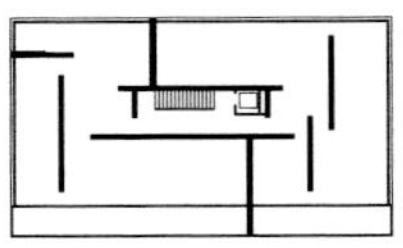

1.OG

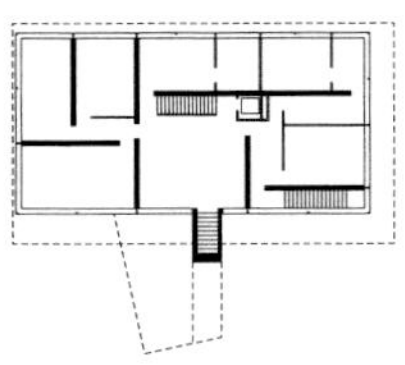

EG

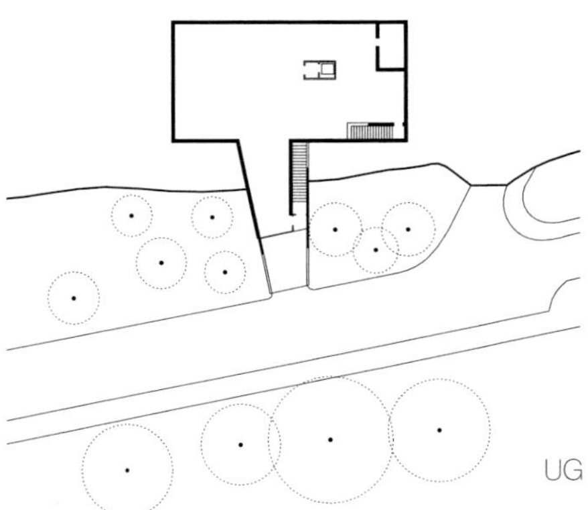

UG

09 WOHNHOCHHAUS ZÖLLY ZÜRICH

8.OG

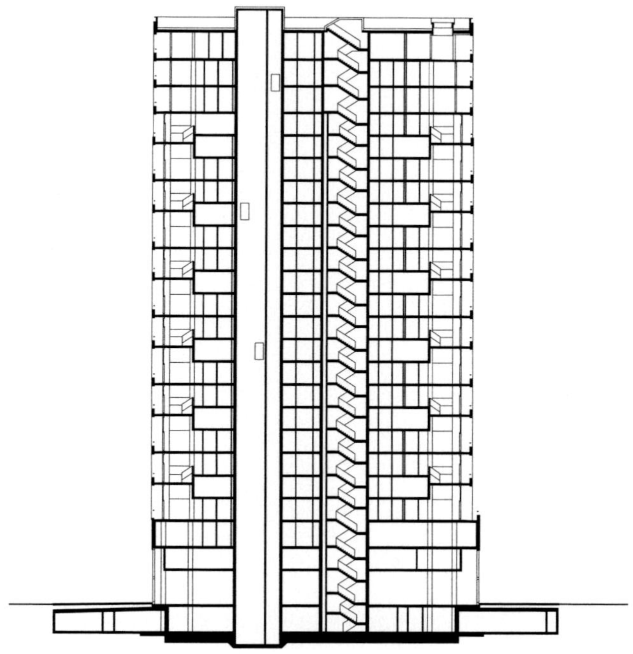

7.OG

6.OG

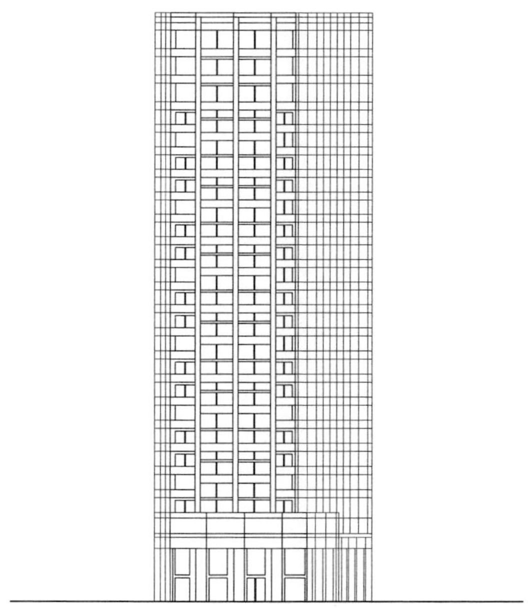

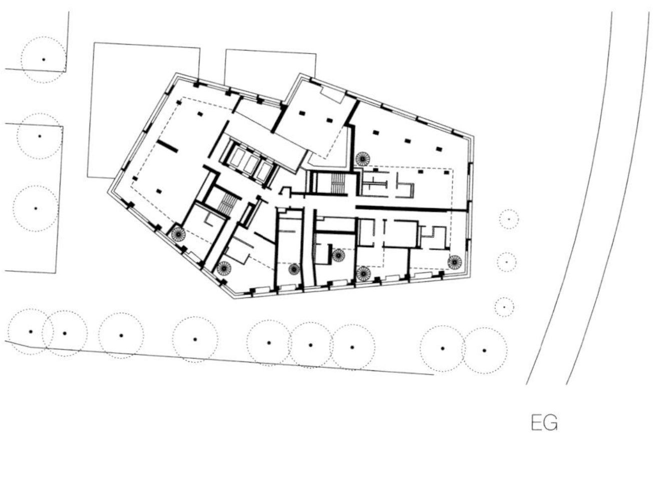

EG

10 HAUS MIT ZWEI STÜTZEN WILEN

EG

11 ERWEITERUNG LANDESMUSEUM ZÜRICH

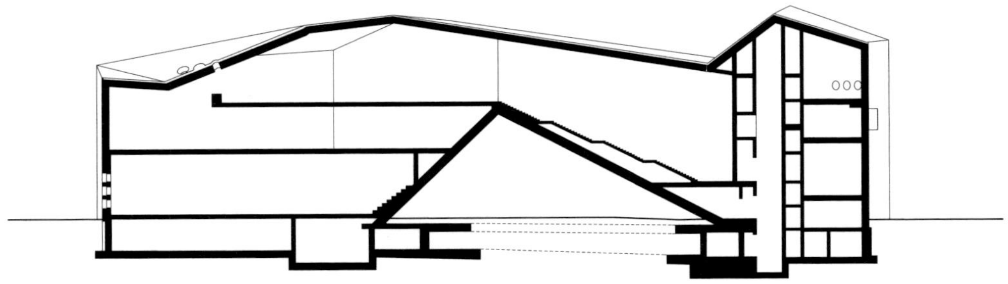

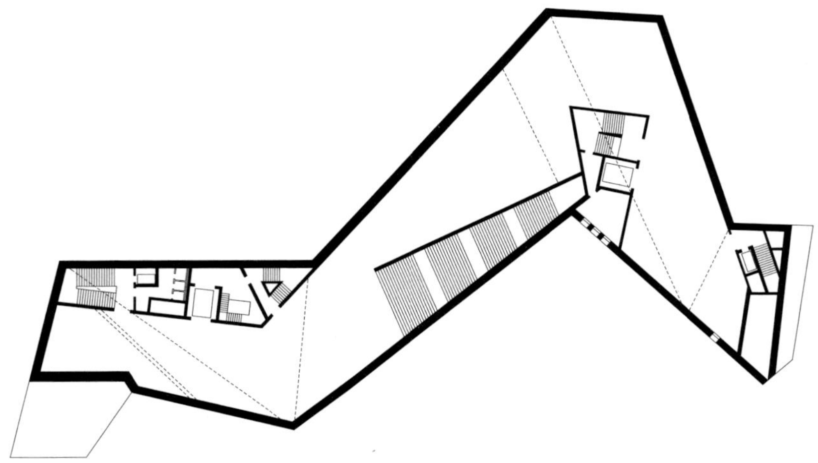

2.OG

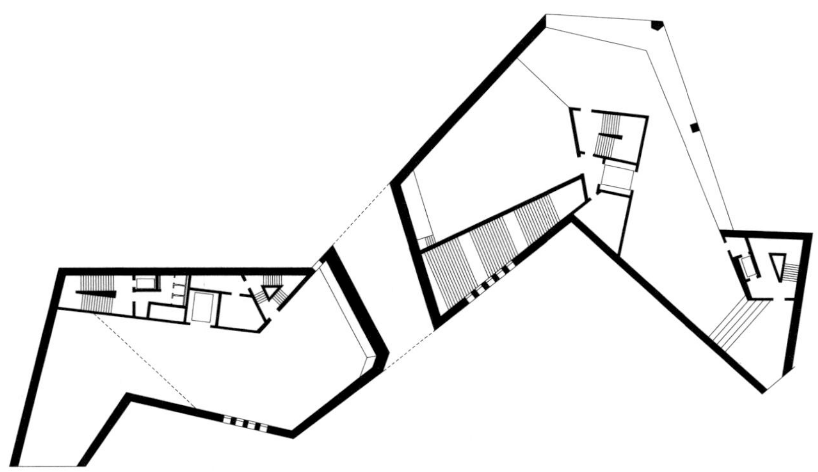

1.OG

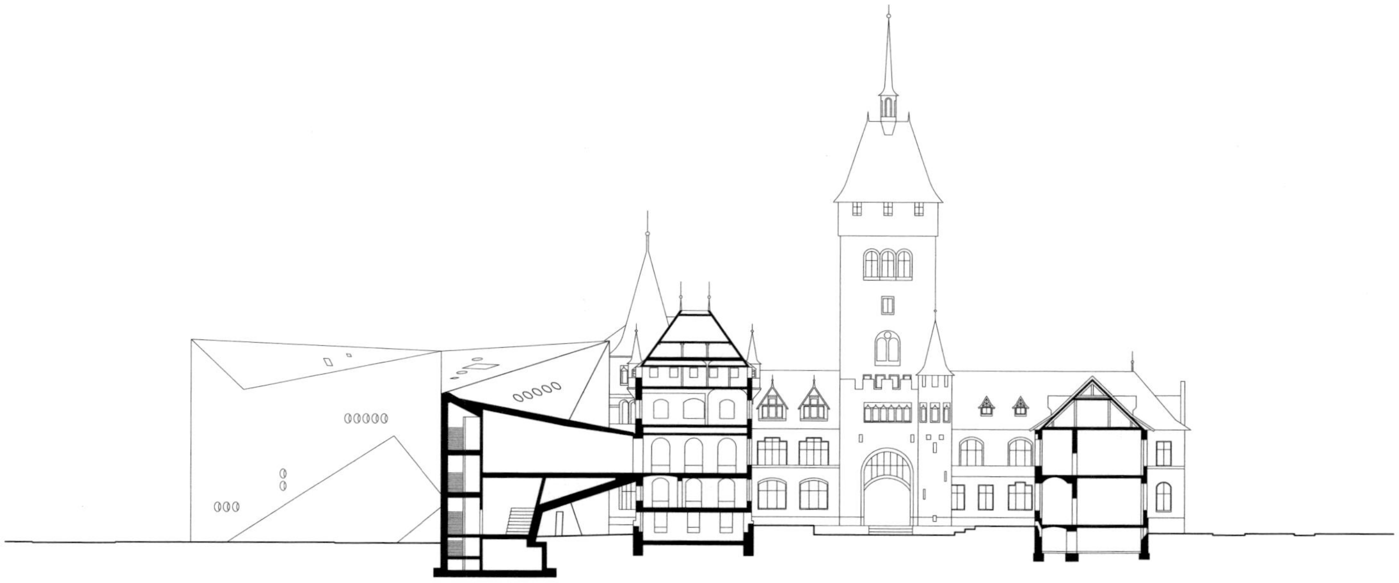

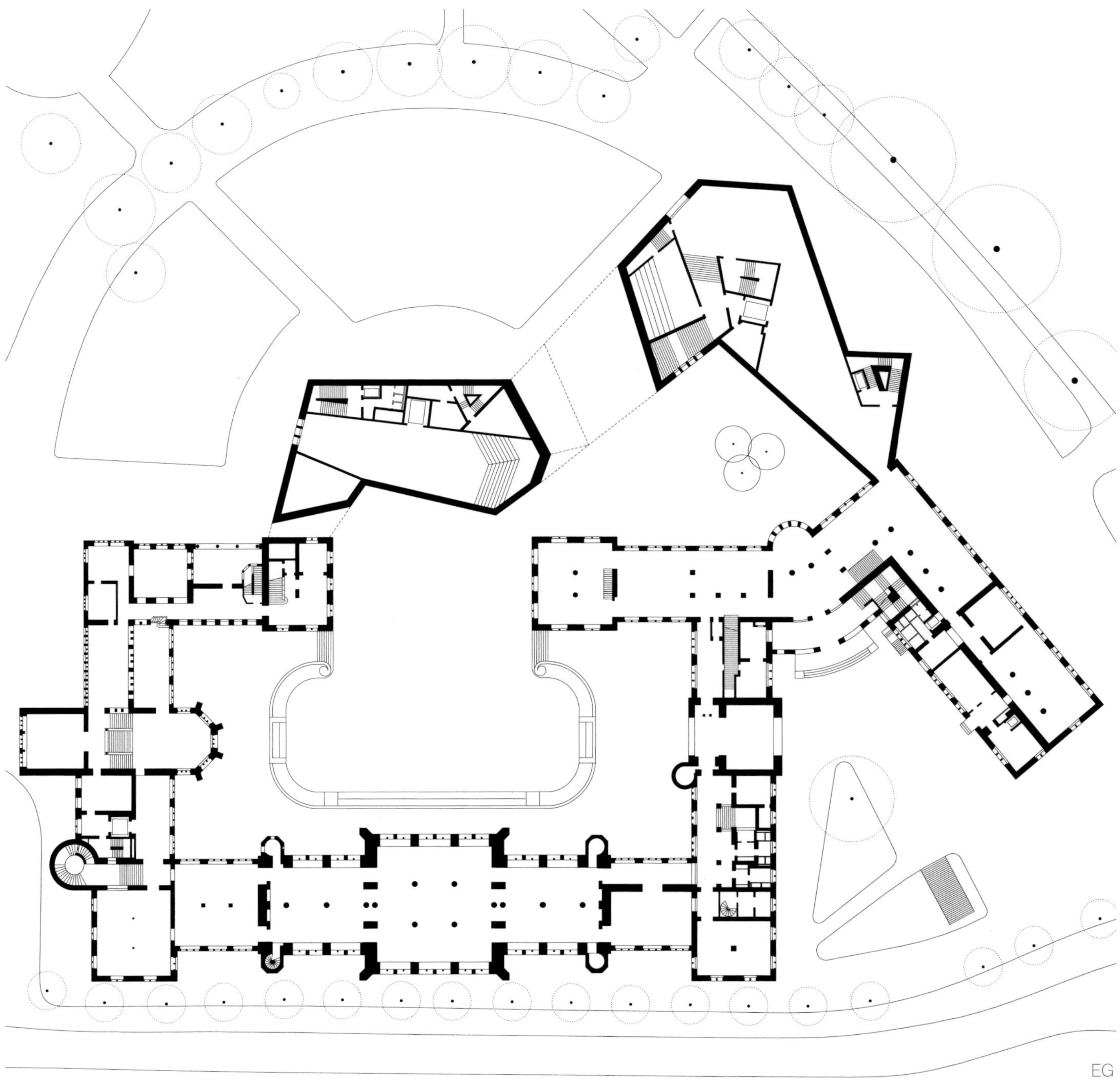

EG

12 FIRMENNEUBAU SYNTHES ZUCHWIL

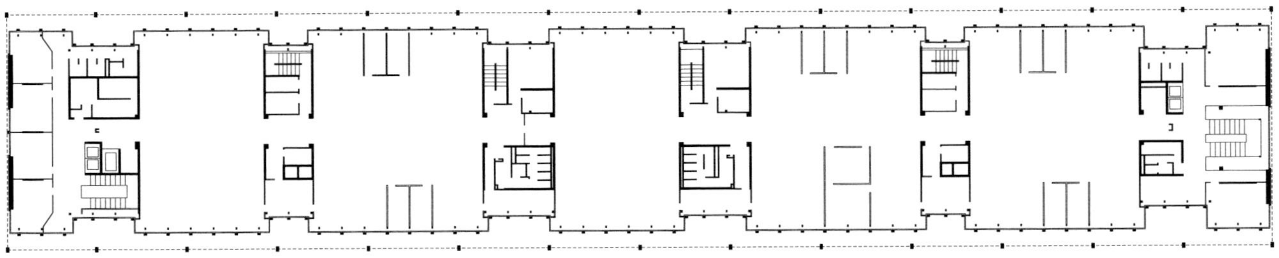

3. OG

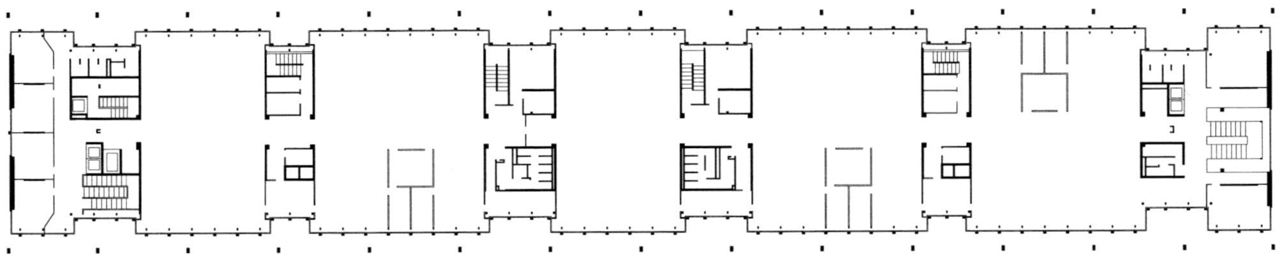

1. OG

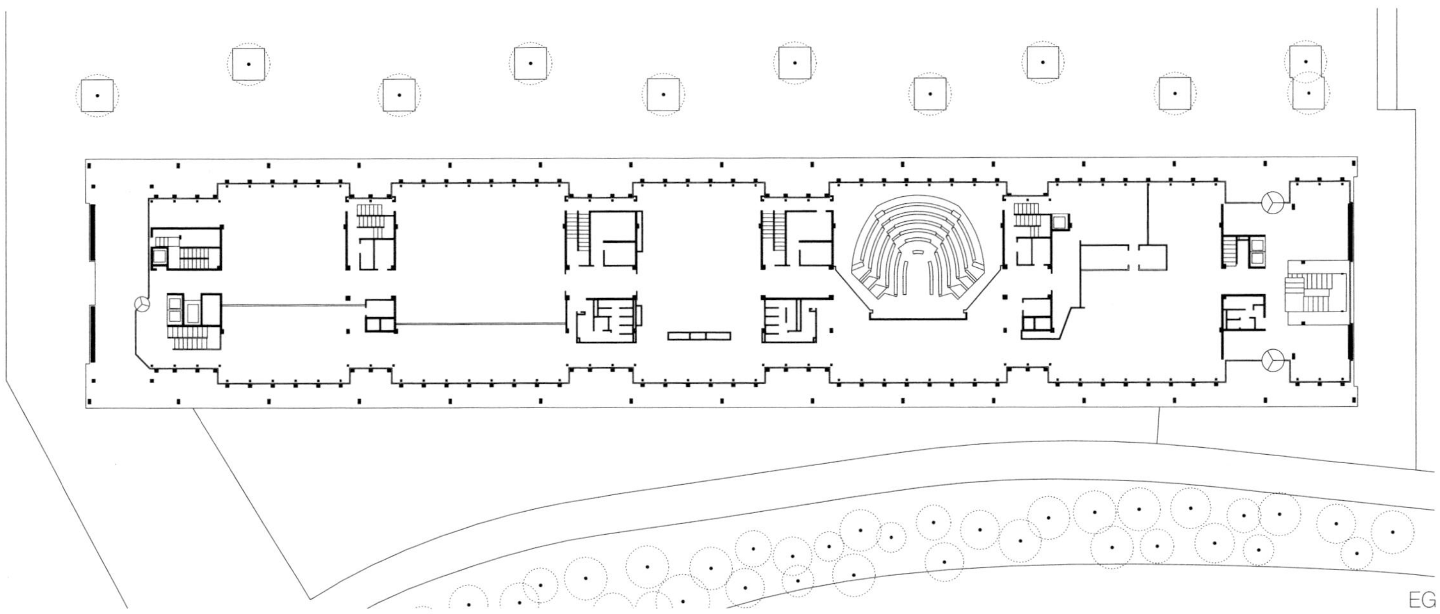

EG

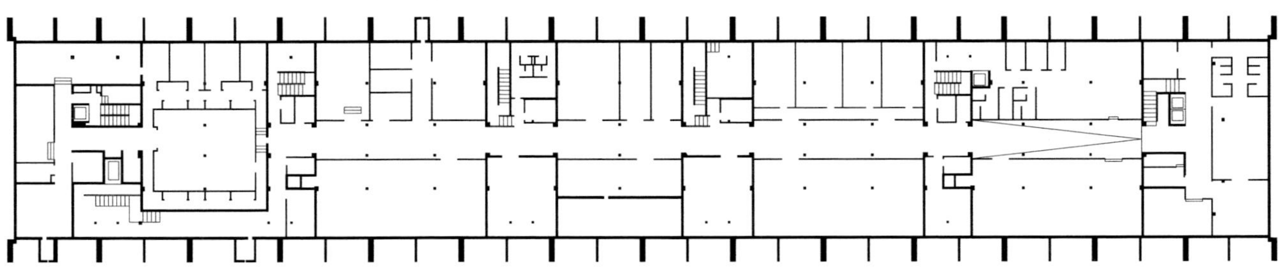

UG

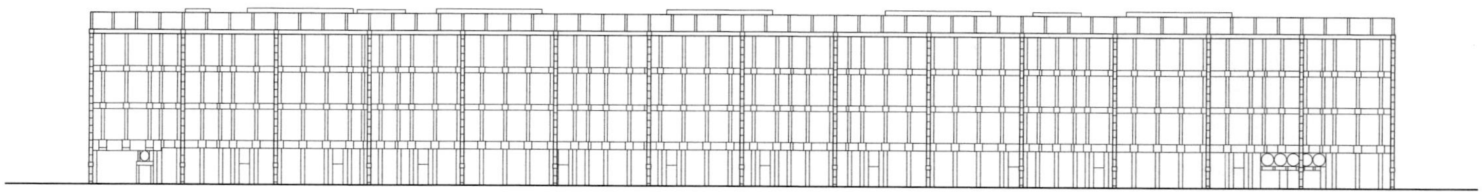
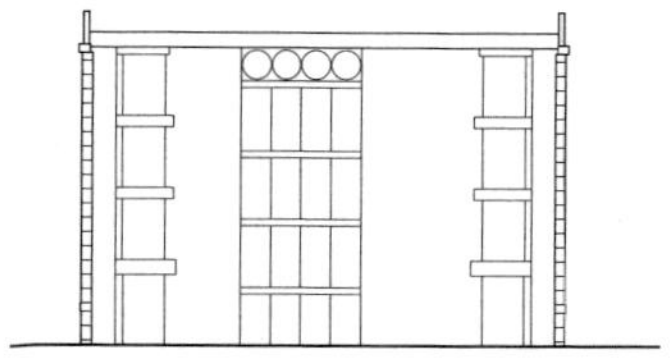
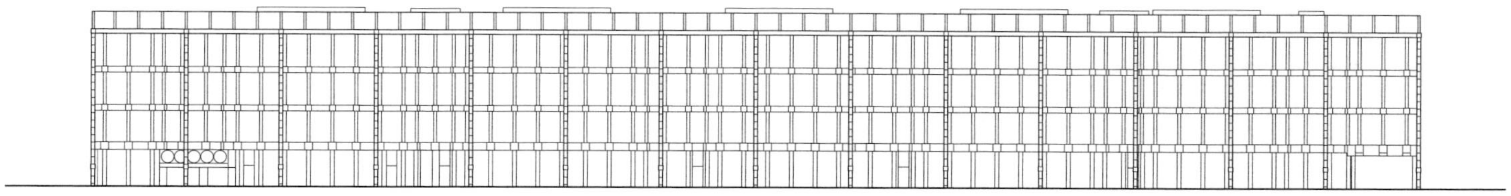
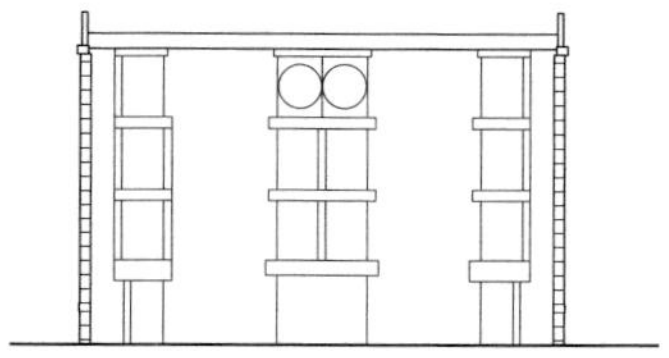
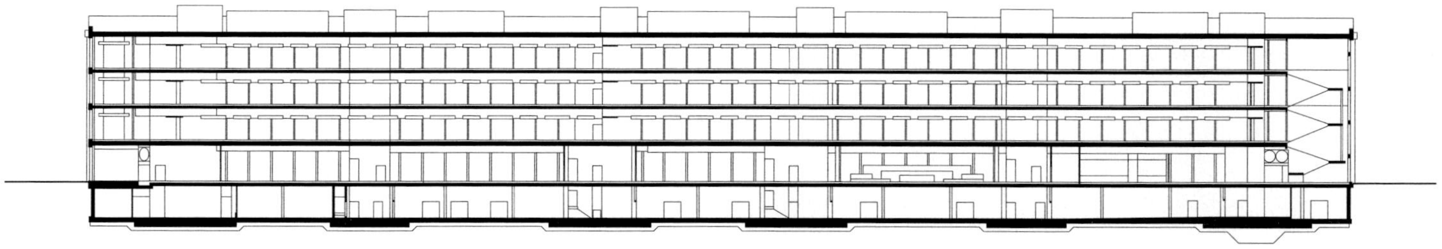
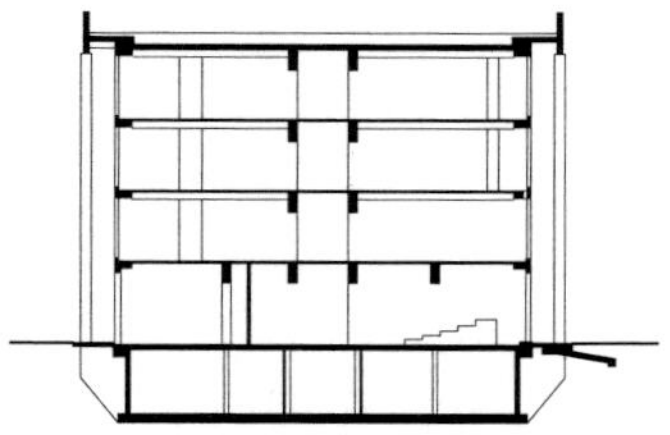

13 ETH ZÜRICH GEBÄUDE LEE ZÜRICH

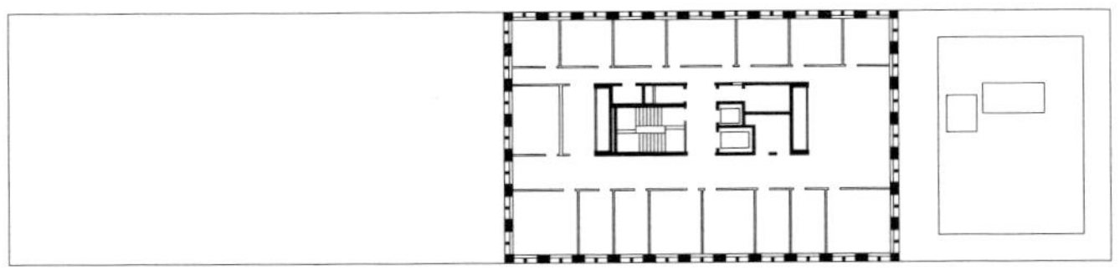

6.–10. OG

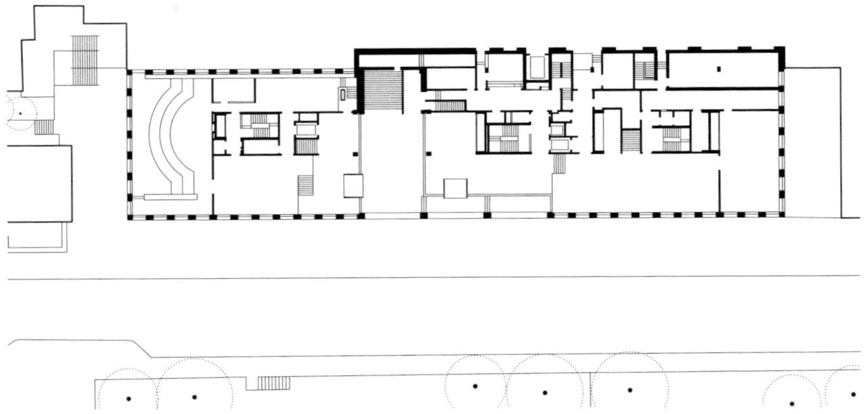

EG

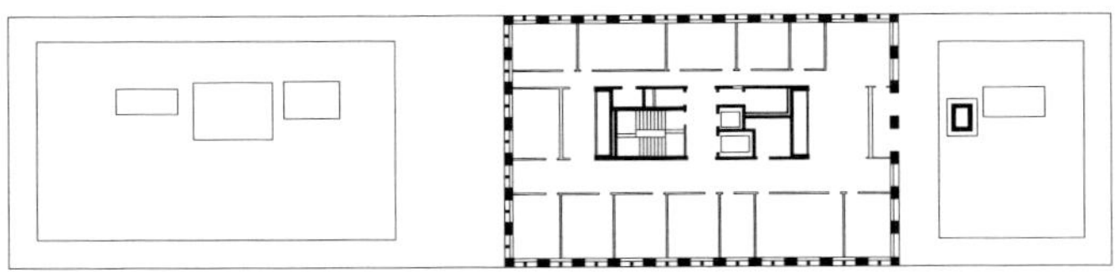

5. OG

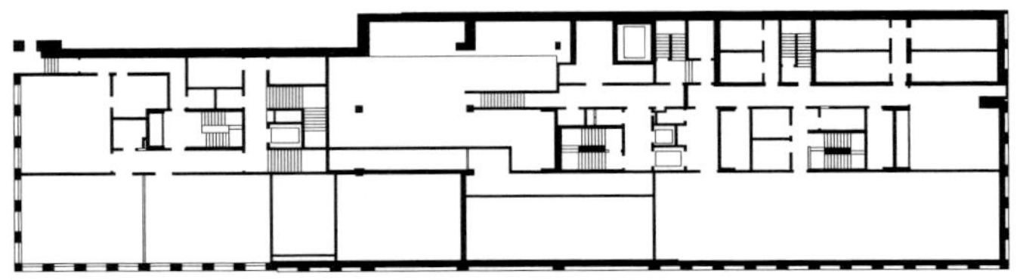

1. UG

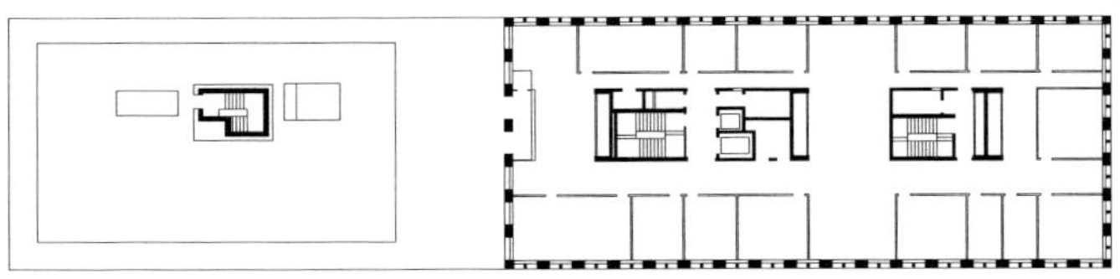

3. OG

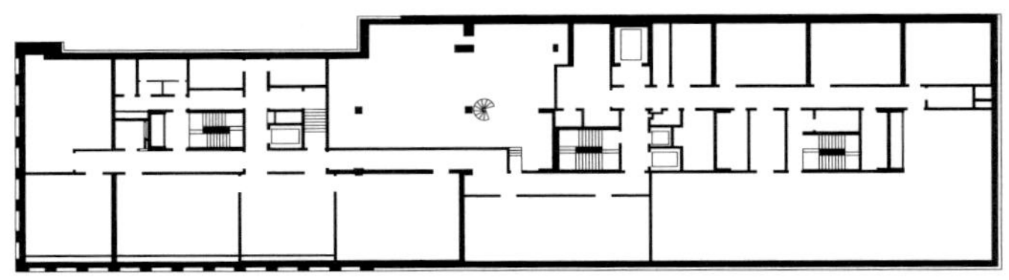

2. UG

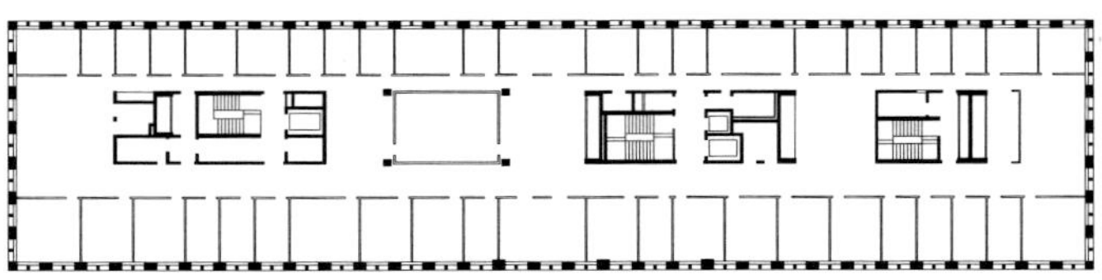

2. OG

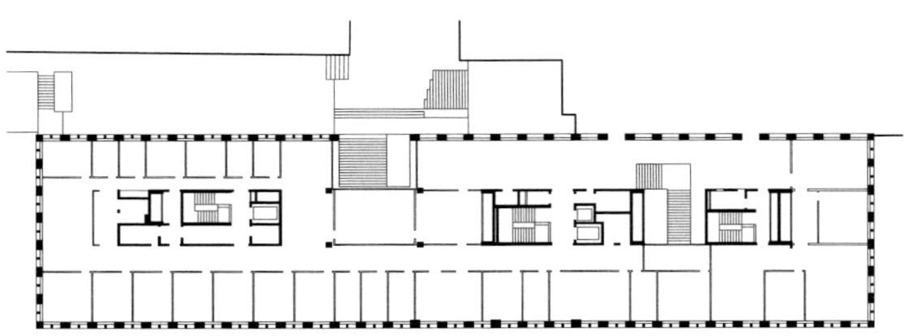

1. OG

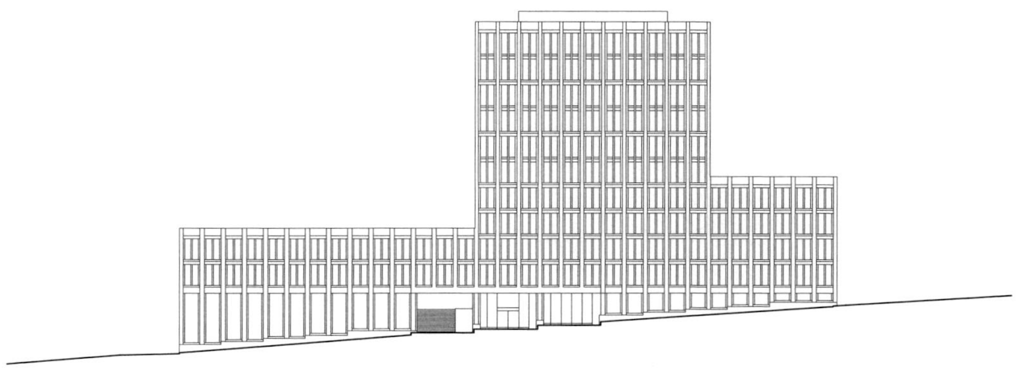

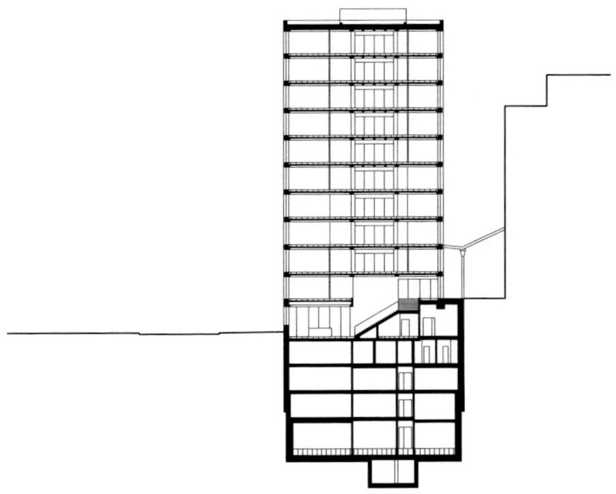

14 CREDIT SUISSE BEL-AIR HAUPTSITZ GENEVE

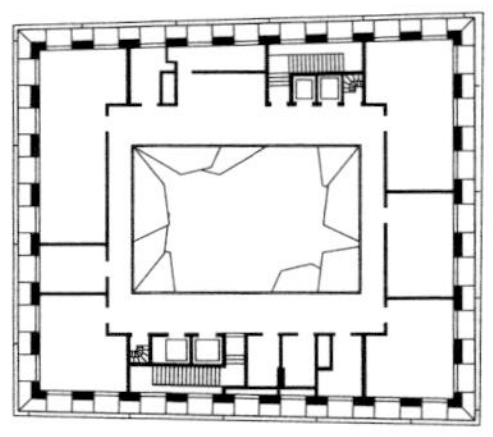

DG

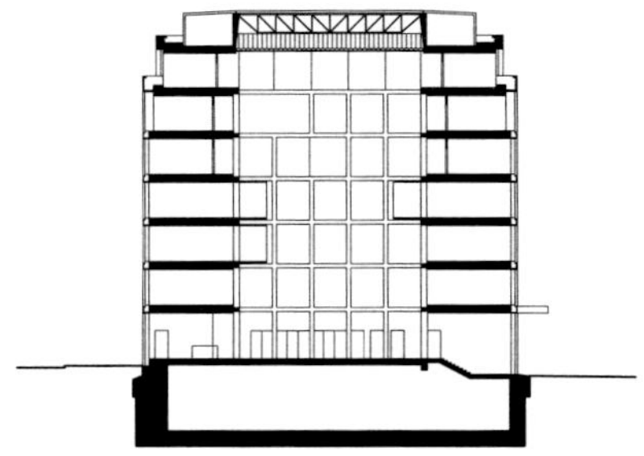

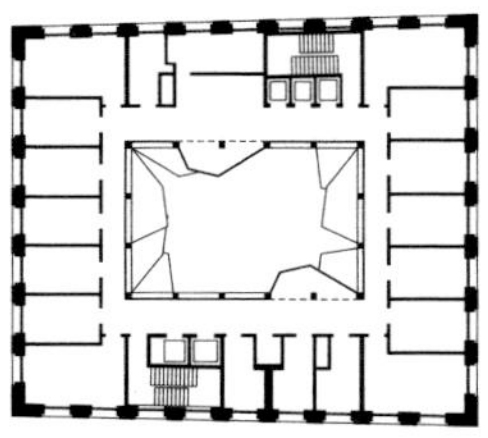

4.OG

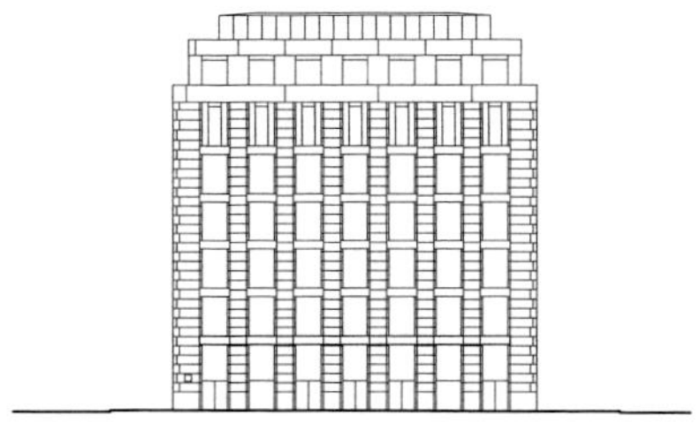

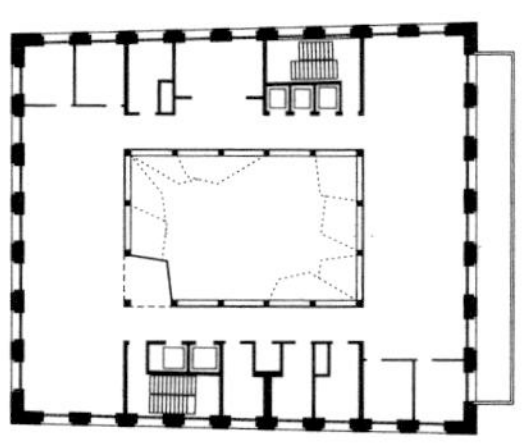

1.OG

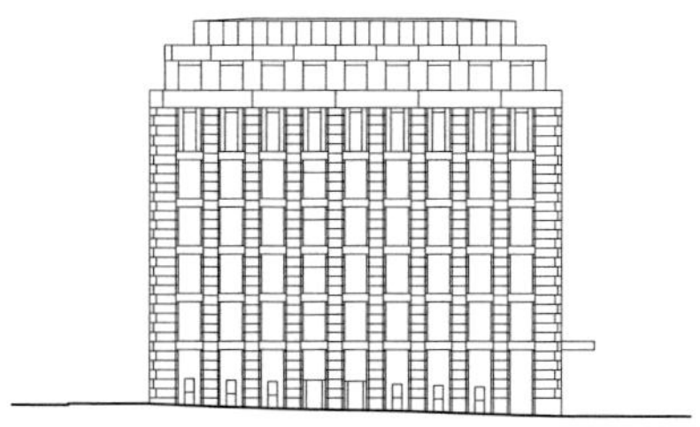

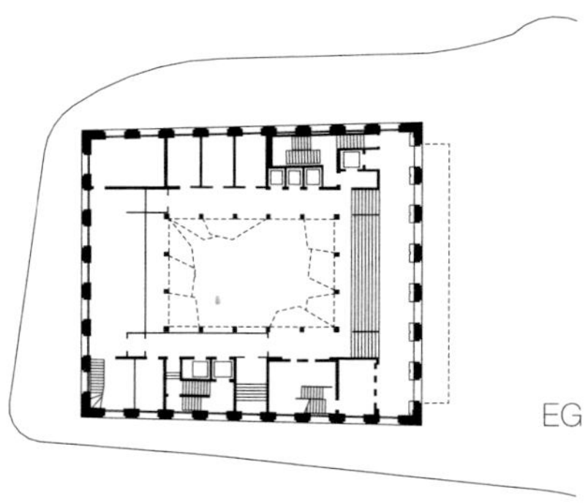

EG

15 HOHES HAUS WEST ZÜRICH

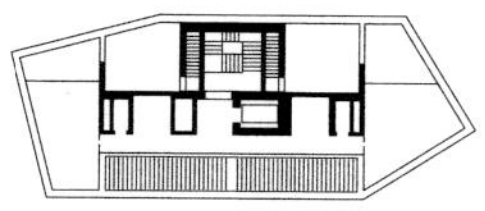

DG

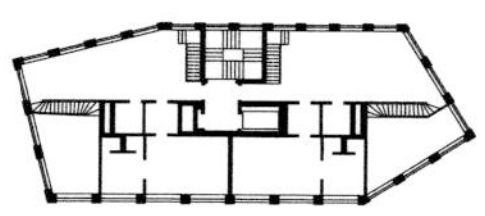

10. OG

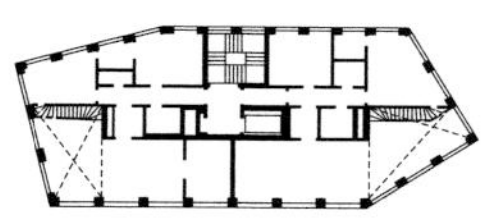

9. OG

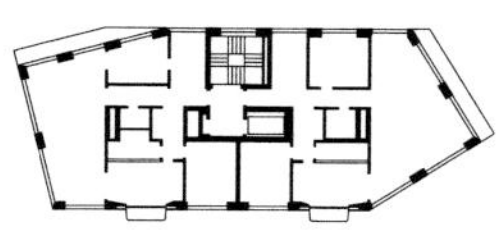

6.–8. OG

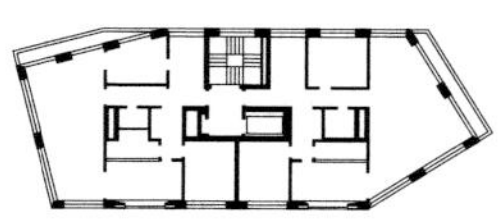

5. OG

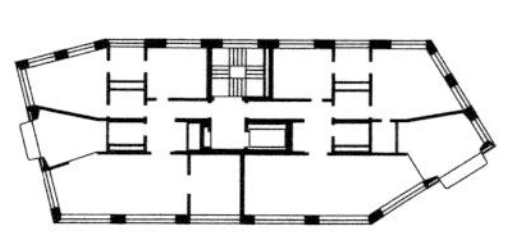

1.–4. OG

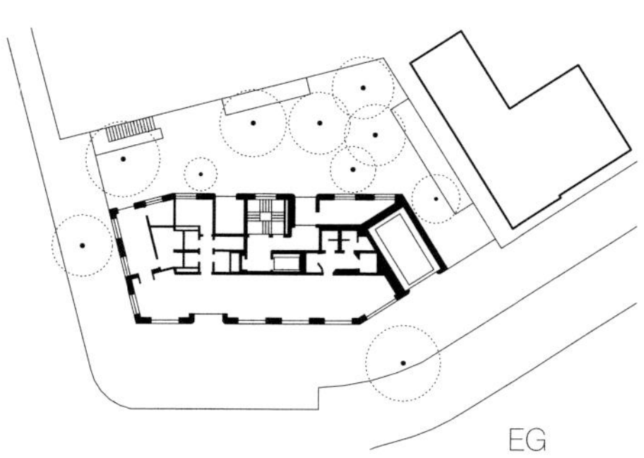

EG

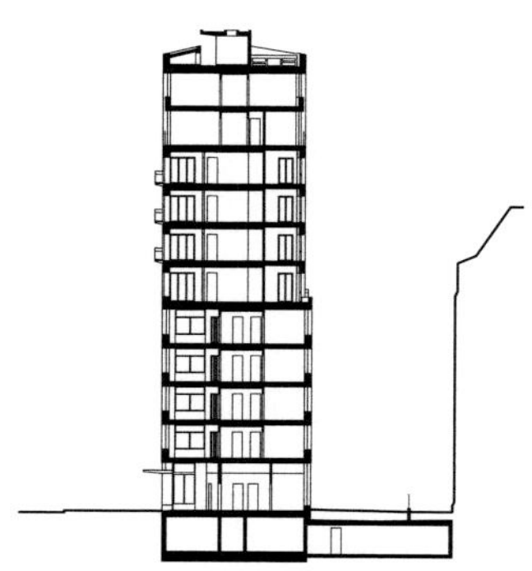

16 WERKHOF FEUERWEHR UND TIEFBAUAMT HERISAU

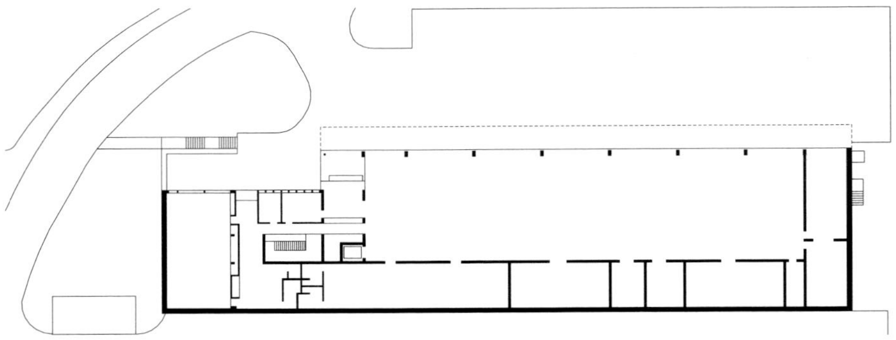

2. OG

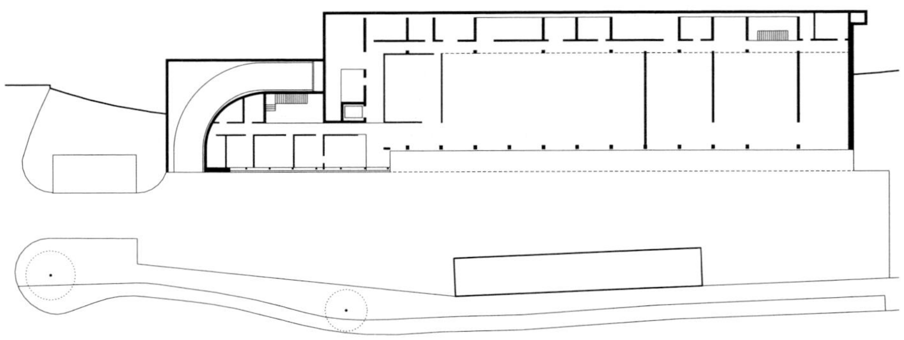

EG

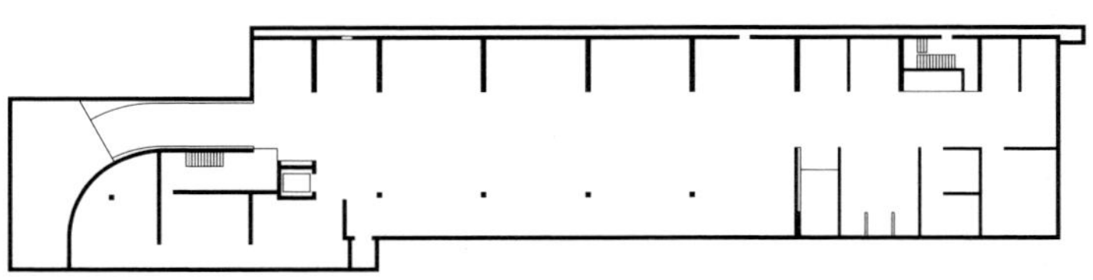

UG

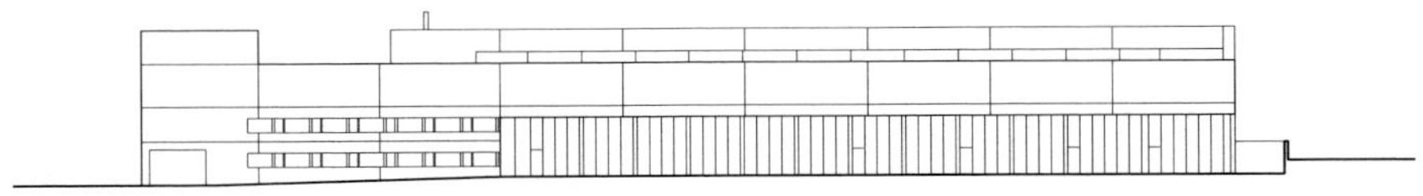

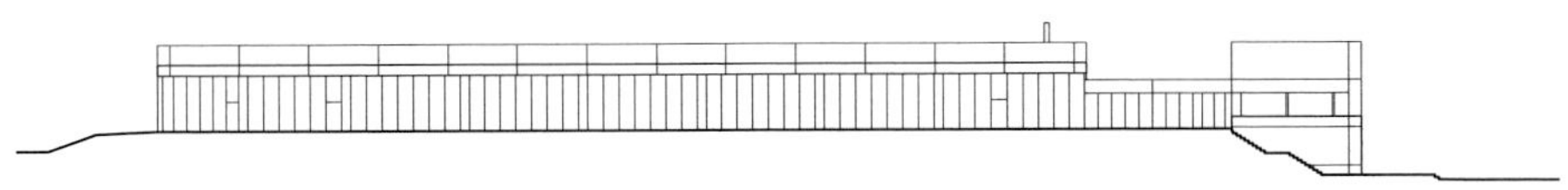

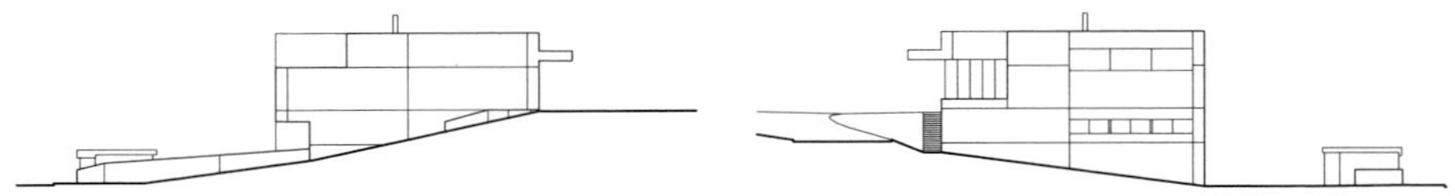

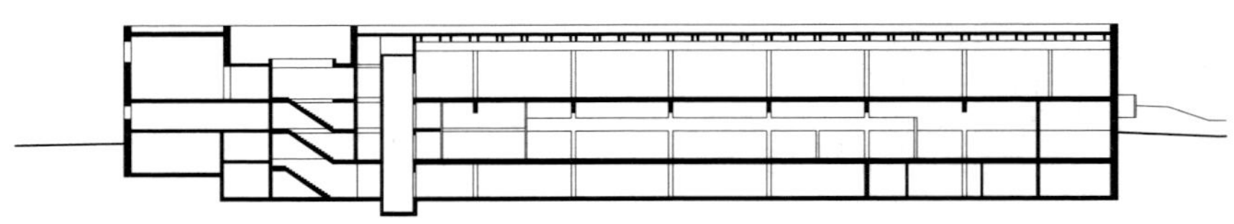

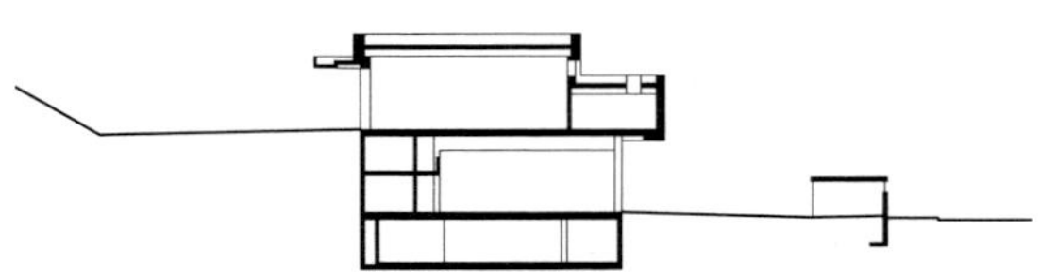

22 APPENDIX

PLANLEGENDEN
PROJEKTBETEILIGTE

PLANLEGENDEN

01 REFUGI LIEPTGAS

AUSSENWAND
Dämmbeton 1050 kg/m³ LIAPOR – LIAVER LC 8/9, 550 mm | Schalung außen ehemalige Strickfassade, innen Schaltafeln | Bitumenanstrich im erdberührenden Sockelbereich

FENSTER
Holzfenster Weißtanne mit 3-fach-Isolierverglasung, mit Rahmenschrauben an Dämmbeton befestigt | Dämmeinlage extrudierter Polystyrol (XPS) 45/80 mm am Fensteranschlag | Abdichtung Fensterrahmen zu Wand: innen und außen Kompriband mit Kittfuge

DECKE
Stahlbeton mit integrierter Bodenheizung 250 mm | Oberflächenbehandlung als Fertigbelag abtaloschiert und mit Schleifpad angeschliffen

DACH
Wasserabdichtung kunststoffvergüteter Zementspachtel | Wasserrinne und Schneefänger Stahlwinkel 180/80 mm, feuerverzinkt | Dachtragwerk Betonplatte im Gefälle mit Konterschalung betoniert, Dämmbeton 1050 kg/m³ LIAPOR – LIAVER LC 8/9, 500 mm

02A SCHWEIZERISCHES NATIONALPARKZENTRUM – FENSTER

AUSSENWAND
Dämmbeton 980 kg/m³ LIAPOR – LIAVER LC 8/9 550 mm

FENSTER
Metallfenster Baubronze mit 2-fach-Isolierverglasung aus Weißglas | Fensterrahmen mit Schraubenanker an Dämmbeton befestigt und auf Zuluftkanäle abgestellt | Dämmeinlage 50/80mm am Fensteranschlag, extrudierter Polystyrol (XPS) | Abdichtung Fensterrahmen zu Wand unten außen Dichtband Gyso Elasto-Tape und Kompriband, innen Dichtband Gyso und Kittfuge | Abdichtung Fensterrahmen zu Wand seitlich und oben beidseitig innen und außen Kompriband mit Kittfuge | Innerer Sonnenschutz Vertikalstore mit Textilbehang

FENSTERBANK
Ortbeton weiß 120–160 mm, geschliffen | Deckenstirndämmung Polyurethan-Hartschaumplatten (PUR) 30–70 mm | Zuluftkanal unter Fenstern Querschnitt 26/185 mm, Chromstahl V2A 3 mm, an Deckenstirn geschraubt | Die Zuluftkanäle dienen als Auflager der Fenster, Zuluftrohre in Betondecke eingelegt.

DECKE
Ortbeton 400 mm einschichtig, weiß, geschliffen als Fertigbelag, alle Leitungen und Bodenheizungsrohre eingelegt | Deckenstirndämmung extrudierter Polystyrol (XPS) 70 mm | Alle beweglichen Ankerköpfe der Spannlitzen liegen im Bereich der nachträglich betonierten Fensterbank.

02B SCHWEIZERISCHES NATIONALPARKZENTRUM – SOCKEL

AUSSENWAND
Dämmbeton 980 kg/m³ LIAPOR – LIAVER LC 8/9 550 mm | Gleitprofil UK Außenwand: Stahlblech V2A 3 mm, vorne spitzwinklig angeschliffen, mit Schrauben auf innere Decke befestigt

INNENWAND UG
Ortbeton weiß 250 mm

DECKE EG INNEN
Ortbeton 310 mm einschichtig, weiß, geschliffen als Fertigbelag, alle Leitungen und Bodenheizungsrohre eingelegt

DACH VORPLATZ
Wasserdichter Ortbeton 190 mm, weiß, im Gefälle 1,5 %, gestockt als Fertigbelag, mit Kraganker stirnseitig an innere Decke befestigt | Trennlage Recytop 30 mm, verdeckter Fassadenanschluss an UK-Gleitprofil | Wärmedämmung extrudierter Polystyrol (XPS) 160 mm | Wasserabdichtung: Polymerbitumenbahn 2-lagig, EGV 3 + EP 4, vollflächig mit Heißbitumen aufgeklebt, unter Gleitprofil durchgeführt bis inneres Aufbordungsblech in Außenwand | Ortbeton 200–330 mm, weiß, OK im Gefälle 1,5 %

03 HAUS GARTMANN

AUSSENWAND
Dämmbeton 1050 kg/m³ LIAPOR – LIAVER LC 8/9 450 mm | Fensterbank und Speieranschluss mit zementöser kunststoffvergüteter Schlämme abtaloschiert

FENSTER
Holzfenster Lärche mit 2-fach-Isolierverglasung wandbündig in Aussparungen eingebaut | Abdichtung Fensterrahmen zu Wand innen und außen Kompriband, bei Panoramafenster Wohnen unten außenseitig Kompriband mit Kittfuge | Äußerer Sonnenschutz Alu-Rafflamellenstoren mit direkt in Fensterbank befestigter Seilführung

DECKE 2. OG
Stahlbeton weiß 300 mm, mit integrierter Bodenheizung, geschliffen und geölt als Fertigbelag

DECKE 1. OG
Lärchenholzparkett 30 mm auf Lagerhölzern | Ortbeton 220 cm

04 BRUGGERBERG

AUSSENWAND
Sichtbeton 250 mm Außenseite lasiert | Wärmedämmung Extrudierter Polystyrol (XPS) 180 mm | Gipsplatte ALBA 25 mm | Weißputz gestrichen 10 mm

FENSTER
Hebeschiebefenster Holz-Metall mit 3-fach-Isolierverglasung | Fensterbank Entwässerungsrinne Inox | Abdichtung Fensterrahmen zu Wand außen Kompriband mit Kittfuge, innen Dampfsperre/Kompriband mit Kittfuge | Äußerer Sonnenschutz Vertikalmarkise mit Textilbehang, Seilführung an Fensterrahmen befestigt

DACH
Zementplatten 40/60 cm, d = 40 mm | Splitt 40 mm | Drainagematte ENKADRAIN TP 10 mm | Wasserabdichtung Polymerbitumenbahn 2-lagig, EP 5 ard/flam + EGV 3, lose auf Wärmedämmung gelegt | Wärmedämmung Polyurethan-Hartschaumplatte (PUR) Alu 140 mm | Dampfsperre Bitumenbahn EVA 35 5 mm | Ortbetondecke im Gefälle 240–310 mm | Deckenrandeinlage Wärmedämmstreifen extrudierter Polystyrol (XPS) 40 mm, b = 120 cm | Weißputz gestrichen 10 mm | Terrassenbrüstung Ortbeton 600 mm, örtlich Quellbandeinlage am Fußpunkt, Oberfläche beidseitig lasiert

DECKE
Bodenbelag Klebeparkett 10 mm | Zementunterlagsboden mit Bodenheizung 80 mm | Trennlage PE-Folie | Trittschalldämmung Isocalor Glaswolle 40 mm | Trennlage PE-Folie | Ortbetondecke 260–380 mm | Weißputz gestrichen 10 mm

05 HAUS SANDMEIER

AUSSENWAND BETON
Wandscheibe Ortbeton 200 mm | Wärmedämmung Polyurethan-Hartschaumplatte (PUR) 150 mm | Dampfsperre | Leichtbau-Vorsatzschale 50 mm mit Steinwolle ausgedämmt | Gipskartonplatten 2 × 12,5 mm | Weißputz gestrichen 10 mm

AUSSENWAND HOLZ
Holzschalung vertikal Lärche 24 × 110 mm auf Metallrahmen | Luftraum 180 mm für Schiebeläden aus Holzlamellen Lärche 24 × 110 mm | Wärmegedämmtes Holzbauelement bestehend aus: Dreischichtplatte 35 mm | Wärmedämmung Polyurethan-Hartschaumplatte (PUR) 120 mm zwischen Holzständer | Dampfsperre | Wärmedämmung Steinwolle 50 mm zwischen Konterlattung 50/50 mm | Gipskartonplatte 19 mm | Einbauschrank Lärche 19 mm

FENSTER
Holzfenster Lärche geölt mit 3-fach-Isolierverglasung | Abdichtung Fensterrahmen zu Wand außen Kompriband mit Kittfuge, innen Dampfsperre | Äußerer Sonnenschutz: Holzrolladen mit Sturzblende Alu | Vakuumdämmung 20 mm/15 mm auf Rahmenverbreiterung Fenster

DECKE
Klebeparkett Eiche 12 mm | Zementunterlagsboden mit Bodenheizung 80 mm | Trittschalldämmung expandierter Polystyrol-Schaumstoff (EPS) 40 mm | Ortbetondecke 180 mm | Deckenrandeinlage Wärmedämmstreifen extrudierter Polystyrol (XPS) 30 mm, b = 100 cm | Weißputz gestrichen 10 mm | Auskragender einschichtiger Ortbeton-Geschossdeckenrand h = 660 mm

06 WOHNHAUS NEUFRANKENGASSE

AUSSENWAND
Ortbeton 280 mm | Querkraftdorne und Zuganker mit Dämmstreifen Steinwolle 60 mm an der Deckenstirn | Wärmedämmung extrudierter Polystyrol (XPS) 220 mm, Stöße und Anschlüsse innenseitig dampfdicht verspachtelt | Körperschalltrennung Steinwolle 20 mm | Vorsatzschale Unterkonstruktion CW-Profile, ausisoliert mit Wärmedämmung Steinwolle 40 mm | Dampfsperre | Gipskartonplatten 2 × 15 mm | Weißputz gestrichen 10 mm

FENSTER
Aluminiumfenster eloxiert mit 3-fach-Isolierverglasung, beweglich an Beton befestigt | Rahmenverbreiterung Sturz Metallsandwichpanel ausgedämmt mit Steinwolle 40 mm | Abdichtung Fensterrahmen zu Wand außen unten Wasserfolie SikaMembran Outdoor plus, seitlich Kompriband mit Kittfuge, innen Dampfsperre in Schlaufe verlegt zur Bewegungsaufnahme | Fensterbank Aluminiumblech unterlegt mit konischer Wärmedämmplatte aus extrudiertem Polystyrol (XPS), seitliche Anschlüsse verdeckte Stehbordschienen | Äußerer Sonnenschutz Rafflamellenstoren Aluminium lackiert (Nordfassade ohne Sonnenschutz)

DECKE
Bodenbelag nach Kundenwunsch | Zementunterlagsboden mit Bodenheizung 95 mm (variabel) | Trennlage PE-Folie | Trittschalldämmung Polyethylen (PE) 20 mm | Wärmedämmung expandierter Polystyrol-Schaumstoff (EPS) 40 mm | Trennlage PE-Folie | Ortbetondecke 280 mm | Weißputz gestrichen 10 mm

07 WOHNHAUS SCHWARZPARK

AUSSENWAND
Betonelement und Ortbetonwand 250 mm, lasiert | Mineralwolle 80 mm | Dampfbremse auf Fensterrahmen abgeklebt | Albatherm-Verbundplatte (32 mm Mineralwolle, 12 mm Gipsvorsatz) | Fermacellplatte 12 mm

FENSTER
Holz-Metall-Fenster mit äußerer PU-Rahmenaufdoppelung 20 mm, mit 2-fach-Isolierverglasung, auf Außenschale angeschlagen | Sturz-Rahmenverbreiterung Holz 54 mm mit äußerer PU-Aufdoppelung 20 mm | Innere Fensterzargen Buchensperrholz 6 mm, gestrichen | Abdichtung Fensterrahmen zu Wand außen Kompriband mit Kittfuge, umlaufende Schallschutzfolie, innen Dampfsperre auf Fenster geklebt | Äußerer Sonnenschutz Rafflamellenstoren 70 mm, Aluminium lackiert, mit Führungsseil, Neigung 2,5 % | Geländer Brüstungsverglasung VSG 2 × 8 mm in pulverbeschichtetes Stahlprofil eingespannt, mit einbetoniertem Metalldorn (alle 100 cm) in Betonbrüstung befestigt

DECKE
Klebeparkett 10 mm | Zementunterlagsboden mit Bodenheizung 100 mm | Trittschalldämmung Isocalor Glaswolle 20 mm | Ortbetondecke 220 mm | Weißputz gestrichen 15 mm, mit eingelassener Vorhangschiene

08 MEHRFAMILIENHAUS FORSTERSTRASSE

AUSSENWAND
Ortbetonwand vorgespannt 400 mm, thermisch getrennt mit Kragplattenanschluss 80 mm und konischen Isolationsformteilen Purenit 80/80 mm bei Fensteranschlüssen

FENSTER
Aluminiumfenster mit 2-fach-Isolierverglasung, mit Metallkonsolen auf Betondecke gelagert | Abdichtung Fensterrahmen zu Wand außen am Fußpunkt mit Flüssigkunststoff, mit Aluminiumwinkelblech abgedeckt, innen Kompriband und Kittfuge, alle anderen Anschlüsse innen sowie außen Kompriband mit Kittfuge

DECKE
Terrazzobelag 30 mm | Unterlagsboden Lastverteilplatte Beton armiert mit Bodenheizung 90 mm | Trennlage PE-Folie | Trittschalldämmung expandierter Polystyrol-Schaumstoff (EPS) 40 mm | Ortbetondecke vorgespannt 300 mm | Deckenstirn thermisch getrennt mit Kragplattenanschluss 80 mm und konischen Isolationsformteilen Purenit 80/80 mm bei Fensteranschlüssen

BALKONPLATTE
Terrazzo-Plattenbelag 80/120 cm, 60 mm auf Splittbett 50–80 mm | Trittschalldämmung Gummischrotmatte BEKA6/15, 15 mm | Wasserabdichtung bituminös 2-lagig, Bikuplan GV3 und Bikutop EP5 | Randabschlüsse Flüssigkunststoff | Ortbetondecke 300–320 mm im Gefälle, mit äußerer Aufbordung | Ganzglasgeländer VSG zwischen im Boden eingelassene Stahlprofile eingespannt

09 WOHNHOCHHAUS ZÖLLY

AUSSENWAND
Vorfabriziertes Betonelement aus tragender Innenwand 170 mm Vorsatzschale 120 mm (variabel) und dazwischen liegender Foamglasdämmung 240 mm | Befestigungswinkel für Fenster und Lamellenstoren werkseitig in Fassadenelement eingebaut | Elemente stehen mit Dornen fixiert und auf Mörtelbett gelagert auf den Geschossdecken, oben in die nächste Decke einbetoniert | Abdichtung zwischen den abgestuften, überschuppenden Elementen durch Seidenzöpfe und vorkomprimierte Dichtungsbänder | Oberflächen außen teilweise sandgestrahlt, teilweise schalungsglatt | Oberflächen innen Weißputz gestrichen 10 mm

FENSTER
Holzmetallfenster mit 3-fach-Isolierverglasung | Fensterlaibung Aluminiumzarge mit integrierter Sonnenschutzführung | Aluminiumfensterbank mit Unterkonstruktion auf Betonelement montiert | Dämmstreifen Steinwolle 40 mm im Sturzbereich hinter Lamellenstoren | Abdichtung Fensterrahmen zu Wand außen mit Wasserfolie, von Fensterzarge abgedeckt, innen Kompriband mit Kittfuge | Äußerer Sonnenschutz Rafflamellenstoren 90 mm, Aluminium lackiert, Führungsschiene in Fensterzarge eingelassen

DECKE
Klebeparkett 15 mm | Zementunterlagsboden mit Bodenheizung 65 mm | Trennlage PE-Folie | Trittschalldämmung Polyethylen (PE) 20 mm | Wärmedämmung expandierter Polystyrol-Schaumstoff (EPS) 20 mm | Trennlage PE-Folie | Ortbetondecke 280 mm | Weißputz gestrichen 10 mm

10 HAUS MIT ZWEI STÜTZEN

FENSTER
Aluminiumfenster Skyframe mit 3-fach-Isolierverglasung, mit Metallkonsolen auf Betondecke gelagert | Abdichtung Fensterrahmen zu Wand außen am Fußpunkt mit Flüssigkunststoff, innen oben dampfdichtes Fugenband, alle anderen Anschlüsse Kompriband mit Kittfuge

DACH
Dachbelag Rautendeckung 580/580 mm in Kupfer 0,6 mm | Trennlage diffusionsoffene Unterdeckbahn Pavatex ADB | Holzschalung 27 mm | Hinterlüftung 40 mm | Unterdachbahn Sarnafil TU 222 0,8 mm | Wärmedämmung Steinwolle zweilagig zwischen Holzlattung verlegt, 200–600 mm | Bituminöse Dampfsperre EGV 1-lagig 3,5 mm | Rautenförmige Sichtbetonelemente 80 mm, vorfabriziert, Oberfläche lasiert, zusammenbetoniert mit Überzügen aus selbstverdichtendem Sichtbeton 450 mm

VORDACH
Rautendeckung in Kupfer mit Stahlwinkel 0,6 mm | Trennlage diffusionsoffene Unterdeckbahn Pavatex ADB | Holzschalung 27 mm, an der Traufe Stahlplatte 27 mm | Hinterlüftung 40 mm | Unterdachbahn Sarnafil TU 222 0,8 mm | Sichtbetonplatte selbstverdichtend, mit einbetonierten Stahlträgern IPE 200 160 mm und Kragplattenanschlüssen 100 mm, thermisch vom inneren Dachtragwerk getrennt

AUSSENWAND
Außenschale Ortbeton mit Tuffsteinzuschlag 210 mm | Wärmedämmung: expandierter Polystyrol-Schaumstoff (EPS) 330 mm | Innenschale Recycling-Ortbeton 250 mm | Fenster-Laibungszone mit innerer, verlorener Kunststoffmatrizenschalung und reduzierter Dämmstärke, lokal Wärmedämmung extrudierter Polystyrol (XPS) 150 mm

FENSTER
Rundfenster mit Sichtprofilen Messing bruniert, System Forster Unico mit 3-fach-Isolierverglasung aus Weißglas | Befestigung mit Stahlwinkeln auf Außenschale | Abdichtung Fensterrahmen zu Wand außen Wasserfolie SikaMembran Outdoor und Kompriband mit Kittfuge, innen Dampfsperrfolie SikaMembran Indoor

DECKE
Zementdruckverteilplatte 100 mm, geschliffen, als Fertigbelag | Wärmedämmung und Medienführung expandierter Polystyrol-Schaumstoff (EPS) zweilagig verlegt 60–90 mm | Ortbetondecke 300 mm

AUSSENWAND PILASTER
Fassadenbekleidung vorgefertigtes Betonelement 250 mm, Front Matrizenschalung, selbsttragend, mit Inox-Fassadenanker auf Deckenstirn zurückgebunden, liegende Elementstoßfugen ausgemörtelt | Hinterlüftungs- und Montageraum 34 mm | Windpapier diffusionsoffen | Wärmedämmung dampfdichtes Metallbau-Sandwichelement Inox 2 mm, mit Steinwolle ausgedämmt 120 mm | Anschluss-Winkelprofil Inox 3 mm an Fassadentragstruktur | Fassadentragstruktur Rechteckrohre Inox 120/60/5 mm (stehend) und 100/50/5 mm (liegend) rückverankert auf Betondeckenstirn mit Winkelblech CNS 3 mm und Befestigungsplatte Stahl 80/100/8 mm | Innere Tragstruktur Stahlstützen ausbetoniert, gestrichen, frei stehend vor Fassade 250/250–150/250 mm

AUSSENWAND DECKENSTIRN
Fassadenbekleidung vorgefertigtes Betonelement 250 mm, Front Matrizenschalung, seitlich auf Pilaster aufgelagert, mit Aussparung für textile Storen | Hinterlüftungs- und Montageraum 34 mm | Windpapier diffusionsoffen | Wärmedämmung unter Fenster dampfdichtes Metallbau-Sandwichelement Inox 2 mm, mit Steinwolle ausgedämmt 120 mm | Wärmedämmung Deckenstirn Steinwolle zweilagig verlegt, 120–220 mm | Fensteranschluss mit Wasserabdichtungsband auf Wärmedämmkeil | Deckenstirn Ortbeton

FENSTER
Inox-Stahlfenster Pfosten-Riegel-System HW mit 3-fach-Isolierverglasung, montiert auf Fassadentragstruktur aus Rechteckrohren, Inox | Abdichtung Fensterrahmen zu Wand außen Wasserfolie, innen Dampfsperrfolie | Fensterbank CNS 2 mm mit seitlicher Aufbordung | Äußerer Sonnenschutz textile Vertikalmarkise, Führungsschiene integriert mit Fensterzarge Inox 95 mm

DECKE NATURSTEINBELAG
Natursteinplatten fugenlos verlegt 30 mm | Mittelbett Zementmörtel 50 mm | Splittbeton schwundfrei 160 mm | Trennlage PE-Folie | Entlang Fenstern Bodenkonvektorwanne Inox 3 mm, 370/140 mm, mit Heizkonvektoren | Überbeton 140 mm | Vorgefertigte Beton-Rippendecke 480 mm/Rippe 420 mm, Decke 60 mm, weiß gespritzt | Offen zwischen den Deckenrippen geführte technische Installationen (Medien, Licht, Strom, Lüftung etc.) | Partiell abgehängte Deckenelemente furniert, amerikanischer Kirschbaum 125–500 mm

DECKE TEXTILBELAG
Textilbelag 10 mm | Schwerfolie 5 mm | Anhydritplatte 50 mm | Stellfuß Doppelboden mit Trittschallunterlage 150 mm, verschraubt und geklebt auf Rohboden | Hohlraum 150 mm für Medienführung, Zuluftkasten und -rohre im Doppelboden | Überbeton 140 mm | Vorgefertigte Beton-Rippendecke 480 mm/Rippe 420 mm, Decke 60 mm, weiß gespritzt | Offen zwischen den Deckenrippen geführte technische Installationen (Medien, Licht, Strom, Lüftung etc.) | Partiell abgehängte Deckenelemente furniert, amerikanischer Kirschbaum 125–500 mm

12B FIRMENNEUBAU SYNTHES – DACH

DACHRAND ARKADE
Mauerkorne Naturstein-Abdeckungsfugen mit Edelstahlrinne U 20/80/20 mm unterlegt | Attikamauer Dietfurter Kalkstein 100 mm, nachträglich aufgemauert, mit Trasszementmörtel-Fugen | Rückverankerung mit Luftschichtanker mit Tropfscheibe | Dachrandträger vorgefertigte Betonelemente 2625/250 mm, Länge 12060 mm | Elementstöße offene Dehnfuge 20 mm, durch Vormauerung verdeckt | Vorgespannte Sichtbetonstütze 660/380 mm, vorgefertigt, Höhe 19460 mm mit 3-seitiger Natursteinverkleidung 40 mm

DACH ARKADE
Extensive Begrünung | Substrat verdichtet 80 mm, am Dachrand 50 cm breiter Kiesstreifen | Schutz- und Speichervlies 20 mm | Gummischrotmatte 10 mm | Wasserabdichtung Polymerbitumen-Dichtungsbahnen 2-lagig, EGV 3 und EP5, 8 mm | Überbeton 200–260 mm im Gefälle | Vorgefertigte Betonelementdecke 60 mm | Auflager auf Hauptdach Foamglas 120 mm, in Heißbitumen verlegt

DACH
Extensive Begrünung | Substrat verdichtet 80 mm | Schutz- und Speichervlies 20 mm | Gummischrotmatte 10 mm | Wasserabdichtung Polymerbitumen-Dichtungsbahnen 2-lagig, EGV 3 und EP5, 8 mm | Wärmedämmung Polyurethan-Hartschaum (PU) 160 mm | Dampfsperre bituminös | Überbeton 140 mm im Gefälle | Vorgefertigte Sichtbeton-Rippendecke 480 mm/Rippe 420 mm, Decke 60 mm

AUSSENWAND UNTER ARKADE
Fassadenbekleidung vorgefertigtes Betonelement 250 mm, Front Matrizenschalung | Rückverankerung auf Rohbau mit Fassadenplattenanker Ancotech Atlas Typ D und Druckabstützungsschrauben | Hinterlüftungs- und Montageraum 30–34 mm | Windpapier diffusionsoffen | Oberer Abschluss Fassadendämmung Edelstahlwinkel 2 mm auf Thermostop-Unterlage 5 mm | Wärmedämmung Steinwolle zweilagig verlegt, 120–220 mm | Fensteranschluss oben mit Wasserabdichtungsband auf Wärmedämmkeil | Fassadentragstruktur Rechteckrohre Inox 120/60/5 mm (stehend) und 100/50/5 mm (liegend) rückverankert auf Betondeckenstirn mit Winkelblech CNS 3 mm und Befestigungsplatte Stahl 80/100/8 mm | Innere Tragstruktur Stahlstützen ausbetoniert, gestrichen, freistehend vor Fassade 250/250–150/250 mm

FENSTER
Inox-Stahlfenster Pfosten-Riegel-System HW mit 3-fach-Isolierverglasung, montiert auf Fassadentragstruktur aus Rechteckrohren, Inox | Abdichtung Fensterrahmen zu Wand außen Wasserfolie, innen Dampfsperrfolie | Fensterbank CNS 2 mm mit seitlicher Aufbordung | Äußerer Sonnenschutz textile Vertikalmarkise, Führungsschiene integriert in Fensterzarge Inox 95 mm

13 ETH ZÜRICH GEBÄUDE LEE

AUSSENWAND
Stahlbeton Fertigelement 178–278 mm, Oberfläche fein gewaschen, selbsttragend, mit Fassadenanker auf innere Tragstruktur zurückgebunden für Havarie- und Erdbebenfall, horizontale und vertikale Elementfugen offen, Horizontalfuge zu Ortbetonsockel vermörtelt | Hinterlüftungs- und Montageraum 40–60 mm | Wärmedämmung Steinwolle, zweilagig 80–180 mm | Stahlbeton Fertigelement 200 mm, Oberfläche schalungsglatt, Horizontalfugen vermörtelt

FENSTER
Aluminiumfenster eloxiert, mit 3-fach-Isolierverglasung mit Befestigungswinkel an Rohbau angeschlagen | Abdichtung Wand zu Fensterrahmen außen Wasserfolie, innen Kompriband mit Kittfuge | Äußerer Sonnenschutz Rafflamellenstoren 90 mm, Aluminium lackiert, Führungsschiene eingelassen in Fensterzarge 80 mm

DECKE
Teppichfliese 10 mm, präappliziert | Mineralfaserplatte 60/60 cm, 34 mm | Stellfuß Doppelboden mit Trittschallunterlage 196 mm, verschraubt und geklebt auf Rohboden | Hohlraum 196 mm für Medienführung, Zuluftkasten und -rohre im Doppelboden | Überbeton 80 mm | Vorgefertigte Stahlbeton-Rippendecke 280 mm/Decke 60 mm, Rippe 220 mm, Oberfläche schalungsglatt auf Ortbetonkonsole und vorgefertigtem Stahlbeton-Deckenrandträger 600 mm, Oberfläche schalungsglatt | Heiz- und Kühldeckensegel 80 mm, Aluminium lackiert, zwischen den Deckenrippen

14 CREDIT SUISSE BEL-AIR HAUPTSITZ

AUSSENWAND
Bestehende Betonstütze mit Sandsteinquader-Verkleidung 630 mm | Vorgefertigte Betonstütze 260/260 mm (variabel) in mineralisch ausgedämmter Vertikalaussparung | Wärmedämmung expandierter Polystyrol-Schaumstoff (EPS) 120 mm | Dampfsperre | Vorsatzschale Unterkonstruktion CW-Profile, ausisoliert mit Wärmedämmung Steinwolle 50 mm | Gipskartonplatten 2 × 12,5 mm | Weißputz gestrichen 3 mm

DECKENSTIRN
Vorfabriziertes Betonelement 100 mm, vorgehängt, seitlich demontabel befestigt an bestehenden Pilastern | Fensterbank Stahlblech 3 mm, feuerverzinkt und duplexiert, auf Metallwinkeln zwischen Pilastern demontabel befestigt, Entwässerung nach innen auf darunter liegende Kastenrinne Alublech 2 mm | Rollladenkasten und Kastenrinne in Hohlraum, 403 mm | Wasserfolie | Wärmedämmung Steinwolle zweilagig verlegt 145 mm | Ortbetondecke, Deckenstirn durch Schubdorn punktuell mit bestehendem Pilaster verbunden

FENSTER
Festverglasung Pfosten-Riegel-System, pulverlackiert mit 3-fach-Isolierverglasung | Montage auf thermisch abgekoppelten Aluminiumwinkeln | Abdichtung Fensterrahmen zu Wand: außen Wasserfolie, innen Dampfsperrfolie | Äußerer Sonnenschutz textile windsichere Vertikalmarkise, Storentuch Typ Screen mit hoher Durchsicht, Führungsschiene eingelassen in Fensterzarge 55 mm

DECKE
Teppichbelag | Zementunterlagsboden mit Bodenheizung 80 mm | Trennlage PE-Folie | Trittschalldämmung Polyethylen (PE) 20 mm | Ortbetondecke 240 mm | Installationsraum 280 mm | Abgehängte Metalldecke 110 mm

15 HOHES HAUS WEST

AUSSENWAND
Vorfabrizierte Faserbetonplatte strukturiert Ecomur 20–22 mm | Verdeckte Befestigung mit Hinterschnittanker, justierbar durch BMW ATK 103 P20 Agraffe | Fassaden-Unterkonstruktion: Alu Gasser-System GFT Avanti | Vertikales GFT-L-Profil oben befestigt an GFT-Konsole Avanti-Festpunkt, unten befestigt an GFT-Konsole Avanti-Gleitpunkt, jeweils mittels Isolator an Betonbrüstung befestigt, BWM ATK 103 P 20 Horizontal-Tragprofil | Hinterlüftungs- und Montageraum 30 mm | Wärmedämmung Glaswolle Isover PBF 200 mm | Brüstung Ortbeton 180 mm | Weißputz gestrichen 15 mm

FENSTER
Holzmetallfenster mit 3-fach-Isolierverglasung, oben und unten mit BMF-Winkel an Ortbeton befestigt | Sturzverkleidung Alu farbig anodisiert, befestigt mit Abhängbügel Alu roh | Abdichtung Fensterrahmen zu Wand außen Wasserfolie, innen Kompriband mit Kittfuge | Fensterbank Alu farbig anodisiert auf Einhängestreifen Stahlblech und Montagewinkel Alu roh, seitlich verdecktes Entwässerungsprofil Alu roh | Fensterlaibung Alublech farbig anodisiert | Äußerer Sonnenschutz textile Fallarmmarkise

DECKE
Eichenparkett gehobelt und geölt 10 mm | Zementunterlagsboden mit Bodenheizung 65 mm | Trennlage PE-Folie | Trittschalldämmung Glaswollplatten 20 mm | Wärmedämmung expandierter Polystyrol-Schaumstoff (EPS) 20 mm | Trennlage PE-Folie | Ortbetondecke 240 mm Weißputz gestrichen 10 mm

16 WERKHOF FEUERWEHR UND TIEFBAUAMT HERISAU

AUSSENWAND
Vorgefertigtes Betonelement 250 mm, vorgehängt | Konsole Ancotech Typ 1, Zuglasche Ancotech Typ 1, Druckschraube Ancotech M30/400 mm | Hinterlüftungs- und Montageraum 40 mm | Wärmedämmung extrudierter Polystyrol (XPS) 180 mm | Ortbetonträger 700 mm | Stahl-Schiebefalttore mit Motorantrieb, Führungsschienen am Ortbetonträger mit Konsolen befestigt

VORDACH
Nacktdachabdichtung Polymerbitumendichtungsbahnen 2-lagig, EGV 3 und EP5 beschiefert, 8 mm | Wärmedämmung expandierter Polystyrol-Schaumstoff (EPS) 50–400 mm, OK mit Gefälle 2 % | Dampfsperre Polymerbitumen-Dichtungsbahn EVA 35, 1 mm | Vorgefertigtes Betonelement 250 mm | Dachrandabdichtung Flüssigkunststoff System Prenotec

DACH
Schutzschicht Kies, 50 mm | Trennschicht PP-Schutzmatte Sopradrain WS 20, 20 mm | Wasserabdichtung Polymerbitumen-Dichtungsbahnen 2-lagig, EGV 3 und EP5, 8 mm | Wärmedämmung Polyurethan-Hartschaumplatte (PUR Sopratherm PIR MV) im Gefälle 120–335 mm | Dampfsperre Polymerbitumen-Dichtungsbahn EVA 35, 1 mm | Überbeton 140 mm | Vorgefertigte Rippendecke 600 mm/Rippe 540 mm, Decke 60 mm | Dachrandabdichtung Flüssigkunststoff System Prenotec | Einhängevorrichtung für Absturzsicherung

PROJEKTBETEILIGTE

01 REFUGI LIEPTGAS

Bautyp, Baujahr: Neubau, 2013 | Standort: Via Lieptgas, 7017 Flims | Architekt: Nickisch Walder, 7017 Flims | Bauingenieur: Reto Walder | Bauleitung: Georg Nickisch, 7017 Flims

02 SCHWEIZERISCHES NATIONALPARKZENTRUM

Bautyp, Baujahr: Neubau, 2006–2008 | Standort: Via Suot 4C, 7530 Zernez | Architekt: Valerio Olgiati, 7017 Flims; Mitarbeiter: Aldo Duelli (Projektleiter), Fabrizio Ballabio, Theo Barmettler, Pascal Flammer, Herwig Lins, Sara Wiedenbeck | Bauingenieur: Jon Andrea Könz, Ing.-Büro, Zernez und Dr. Schwarz Consulting, Zug | Bauleitung: ARGE Architectura DC SA und Castellani & Bulfoni, Scuol | Spezialisten: Leichtbeton: Liapor Schweiz, Olten; Betonherstellung: Sosa Gera SA Stein-, Kies-, Betonwerk, 7530 Zernez; Rohbau: Foffa & Conrad; Lazzarini AG, 7530 Zernez

03 HAUS GARTMANN

Bautyp, Baujahr: Neubau, 2003 | Standort: Böschenstraße 5, 7000 Chur | Architekt: Patrick Gartmann, 7000 Chur | Bauingenieur: Patrick Gartmann, 7000 Chur | Bauleitung: Patrick Gartmann, 7000 Chur | Spezialisten: Betonrezeptur: Liapor Schweiz Vertriebs GmbH, 3380 Wangen a. A. und Patrick Gartmann, 7000 Chur; Betonlieferung: Calanda-Beton AG, 7004 Chur; Holzfenster: Alig Holzkultur, 7149 Vrin

04 BRUGGERBERG

Bautyp, Baujahr: Neubau, 2011–2013 | Standort: Herrenmatt 3, 5200 Brugg (AG) | Architekten: KEN Architekten AG, 8004 Zürich; Mitarbeiter: Jürg Kaiser, Lorenz Peter, Martin Schwager, Gian Andri Mohr, Friederike Wisler, Charles Wülser | Bauingenieur: Heyer Kaufmann Partner, 5400 Baden | Spezialisten: Bauphysik: Reto Züger Ingenieur AG, 8953 Dietikon; Baumeister: Jäggi AG, 5200 Brugg; Holz-Metall-Fenster: Jäggi AG Fensterbau, 5200 Brugg

05 HAUS SANDMEIER

Bautyp, Baujahr: Neubau, 2011–2014 | Standort: Chemin sur Rang 1, 1234 Veyrier | Architekten: Lacroix Chessex architectes, 1207 Genève; Mitarbeiterin: Ana Sa (Projektleiterin) | Bauingenieur: INGENI SA, 1227 Carouge | Bauleitung: Ana Sa | Spezialisten: Rohbau: D'Orlando SA, 1201 Genève

06 WOHNHAUS NEUFRANKENGASSE

Bautyp, Baujahr: Neubau, 2009–2013 | Standort: Langstraße 151, 8004 Zürich | Architekten: EM2N Mathias Müller Daniel Niggli Architekten AG, 8005 Zürich; Mitarbeiter: Mathias Müller, Daniel Niggli, Gerry Schwyter, David Luca, Raul Mera, Fabian Hörmann, Florian Kaiser, Martin Schriener, Elena Schwarz, Caroline Vogel | Bauingenieur: Schnetzer Puskas Ingenieure AG, 8004 Zürich | Bauleitung: Totalunternehmung Halter AG, 8005 Zürich | Spezialisten: Bauphysik: Kopitsis Bauphysik AG, 5610 Wohlen

07 WOHNHAUS SCHWARZPARK

Bautyp, Baujahr: Neubau, 2001–2004 | Standort: Gellertstraße 135/137, 4052 Basel | Architekten: Miller & Maranta, 4051 Basel; Mitarbeiter: Peter Baumberger (Projektleiter), Ines Sigrist, Patrick von Planta | Bauingenieur: Conzett Bronzini Gartmann AG, 7000 Chur | Totalunternehmer: Glanzmann Service AG, 4056 Basel | Spezialisten: Bauunternehmung: Wenk AG, 4414 Füllinsdorf; Fenster: Tuchschmid AG, 8500 Frauenfeld

08 MEHRFAMILIENHAUS FORSTERSTRASSE

Bautyp, Baujahr: Neubau, 1998–2003 | Standort: Forsterstraße 38, 8044 Zürich | Architekt: Christian Kerez, 8045 Zürich; Mitarbeiter: Andreas Meiler | Bauingenieur: Dr. Schwartz Consulting AG, 6300 Zug | Bauleitung: Archobau AG, 7000 Chur

09 WOHNHOCHHAUS ZÖLLY
Bautyp, Baujahr: Neubau, 2009–2014 | Standort: Turbinenstraße 60, 8005 Zürich | Architekten: Meili & Peter Architekten AG, 8004 Zürich ; Mitarbeiter: Marcel Meili, Markus Peter, Nathanaël Chollet & Jürg Spaar (Projektleitung), Alex Cazurra, Michael Grunitz, Elitsa Lacaze, John Lemmenmeier, Patrycja Okuljar-Sowa, Christof Weber | Bauingenieur: BG Ingenieure und Berater AG, 6340 Baar | Totalunternehmer: Losinger Marazzi AG, 8005 Zürich | Spezialisten: Ausführung in Zusammenarbeit mit: Plan | Werk GmbH, 4242 Laufen; Fassadenentwurf in Zusammenarbeit mit: office haratori, 8005 Zürich und office winhov, Amsterdam; Betonfertigteile: Nägele Betonfertigteil- und Transportbetonwerk GmbH, A-6832 Röthis, Österreich

10 HAUS MIT ZWEI STÜTZEN
Bautyp, Baujahr: Ersatz-Neubau Ferienhaus, 2009–2014 | Standort: 6062 Wilen (OW) | Architekten: Atelier Scheidegger Keller, 8037 Zürich | Mitarbeiter: Christian Scheidegger, Martin Kugelmeier | Bauingenieur: monotti ingegneri consulenti SA, 6600 Locarno | Bauleitung: Eggimann Architekten, 6062 Sarnen | Spezialisten: Bauphysik: Raumanzug, 8003 Zürich

11 ERWEITERUNG LANDESMUSEUM ZÜRICH
Bautyp, Baujahr: Neubau, 2012–2016 | Standort: Museumstraße 2, 8001 Zürich | Architekten: Christ & Gantenbein, 4056 Basel; Mitarbeiter: Mona Farag, Anna Flückiger Tabea Lachenmann, Daniel Monheim Julia Tobler, Christof Bedall Michael Bertschmann, Finn Fleischmann, Thomas Gläss, Markus Haberstroh, Stephanie Hirschvogel, Regula Joss, Mirco Juon, Christian Kahl, Marcus Kopper, Andrew Mackintosh, Federico Mazzolini, Elisa Levi Minzi, Hugo Mesquita, Stephanie Ortmanns, Mathias Pfalz, Patrick Reuter, Sven Richter, Anette Schick, Juri Schönenberger, Jonas Schöpfer, Anne-Katharina Schulze Andrea Steegmüller-Sauter, Qian Sun Hansueli Suter, Guido Tesio, Tom Thalhofer, Kai Timmermann, Cristina Trofin, David Vaner, Jean Wagner, Kristin Widjaja, Diana Zenklusen | Bauingenieur: Schnetzer Puskas Ingenieure AG, 4051 Basel und Proplaning AG Bauingenieure, 4009 Basel | Bauleitung: Proplaning AG Bauingenieure, 4009 Basel | Spezialisten: Einlageteile aus Kunststoff für Fenster: Diralsa AG, 5432 Neuenhof; Fensterbau: Diralsa AG, 5432 Neuenhof; Betonlieferant: Toggenburger AG, 8050 Zürich

12 FIRMENNEUBAU SYNTHES
Bautyp, Baujahr: Neubau, 2007–2012 | Standort: Luzernstraße 17–21, 4528 Zuchwil SO | Architekten: Studio Märkli AG, 8047 Zürich; Mitarbeiter: Steve Roth & Marcel Pola (Projektleiter), Adrian Berger, Hermann Frithschi, Nora Küenzi, Elisabeth Rutz, Marchet Saratz | Bauingenieur: Jauslin Stebler AG, 4051 Basel | Bauleitung: Caretta Weismann, 8047 Zürich | Spezialisten: Beton-Fassadenelemente: Element AG, 5106 Veltheim; Vorgefertigte Betondeckenelemente: Peter Bausysteme AG, 8155 Niederhasli; Metallfassaden: Heinrich Würfel Metallbau, Sontra (D)

13 ETH ZÜRICH GEBÄUDE LEE
Bautyp, Baujahr: Neubau, 2008–2014 | Standort: Leonhardstraße 21, 8006 Zürich | Architekten: Fawad Kazi Architekt GmbH, 8004 Zürich; Mitarbeiter: Fawad Kazi, Selami Sahin & Philipp Macke (Projektleitung), Tommaso Passalacqua, Stefan Günther, Michael Flury, Sebastian Geltz, Benedikt Jäger, Stefano Murialdo, Fabian Markel, Marlen Johne, Nicole Schönfelder, Josephine Kutschbach, Luzius Stiefel, Uwe Gottfried, Daniel Lautenschlager, Pascale Siebers, Luca Riolfo, Manfred Kunz, Laura Perez | Bauingenieur: WaltGalmarini AG, 8008 Zürich | Bauleitung: Itten + Brechbühl AG, 8005 Zürich | Spezialisten: Beton-Fassadenelemente: Element AG, 5106 Veltheim und Nägele Betonfertigteil- und Transportbetonwerk GmbH, A-6832 Röthis, Österreich; Fassadenplaner: Atelier P3 AG, 8005 Zürich; Fassadenbau: Fahrni Fassadensysteme AG, 8953 Dietikon; Gebäudetechnik: Amstein + Walthert AG, 8050 Zürich

14 CREDIT SUISSE BEL-AIR HAUPTSITZ
Bautyp, Baujahr: Umbau, 2011–2014 | Standort: Place Bel-Air 2, 1204 Genève | Architekten: Buchner Bründler Architekten AG, 4058 Basel; Mitarbeiter: Andreas Bründler & Daniel Buchner (Partner), Bülend Yigin (Associate), Jan Borner (Projektleiter), Matthias Leschock, Nicolas Hunkeler, Martin Risch, Christoph Bökeler, Lorraine Haussmann, Norma Tollmann, Peter Beutler, Beda Klein, Mascha Zach, Hannah von Knobelsdorff, Patrizia Wunderli | Bauingenieur Projektierung: Walther Mory Maier Bauingenieure AG, 4142 Münchenstein | Bauingenieure Realisierung: T-Ingénierie SA, 1211 Genève | Bauleitung: A.S.S. Architectes Associés SA, 1219 Genève | Spezialisten: Fassadenplaner: Christoph Etter Glas Stahl Metall, 4051 Basel; Betonelemente: Element AG, 1712 Tafers

15 HOHES HAUS WEST
Bautyp, Baujahr: Neubau, 2009–2013 | Standort: Weststraße 20, 8003 Zürich | Architekten: Loeliger Strub Architektur, 8004 Zürich; Mitarbeiter: Jonas Ringli (Projektleitung), Michael Nötzli (Bauleitung), Didier Oskam, Eberhard Tröger, Christa Kanalz, Philipp Metzger | Bauingenieur: dsp Ingenieure & Planer AG, 8606 Greifensee | Bauleitung: Michael Nötzli , Loeliger Strub Architektur, 8004 Zürich | Spezialisten: Faserbeton- und Alublechfassade Obergeschosse: ERNE AG Holzbau, 5080 Laufenburg; Blechfassade Erdgeschoss: Delfosse AG Metallbau, 5200 Brugg; Betonelemente Sockel: A. Tschümperlin AG, 6341 Baar

16 WERKHOF FEUERWEHR UND TIEFBAUAMT HERISAU
Bautyp, Baujahr: Neubau, 2010–2012 | Standort: Rütistraße 2/4, 9100 Herisau | Architekten: Beat Consoni AG, 9000 St. Gallen; Mitarbeiter: Daniel Frick, Myriam Zoller | Bauingenieur: Zoller AG, 9430 St. Margrethen | Bauleitung: Beat Consoni AG, 9000 St. Gallen | Spezialisten: Betonfertigteile: Sulser AG, 9477 Trübbach; Schiebefalttore: Wüst Metallbau AG, 9450 Altstätten